煤矿巷道预应力锚杆时效支护理论研究

曹俊才　张农　著

辽宁科学技术出版社
·沈阳·

图书在版编目（CIP）数据

煤矿巷道预应力锚杆时效支护理论研究 / 曹俊才，张农著.—沈阳：辽宁科学技术出版社，2023.7
ISBN 978-7-5591-3104-1

Ⅰ.①煤… Ⅱ.①曹… ②张… Ⅲ.①煤矿—预应力结构—巷道支护—锚杆支护—研究 Ⅳ.①TD353

中国国家版本馆 CIP 数据核字（2023）第134409号

出版发行：辽宁科学技术出版社
　　　　　（地址：沈阳市和平区十一纬路 25 号　邮编：110003）
印　刷　者：辽宁鼎籍数码科技有限公司
经　销　者：各地新华书店
幅面尺寸：170mm×240mm
印　　张：9.75
字　　数：180千字
出版时间：2023年7月第1版
印刷时间：2023年7月第1次印刷
责任编辑：陈广鹏
封面设计：周　洁
责任校对：栗　勇

书　　号：ISBN 978-7-5591-3104-1
定　　价：58.00元

联系电话：024-23280036
邮购热线：024-23284502
http://www.lnkj.com.cn

序

　　随着采煤深度的逐年递增，典型"三高"赋存环境下深部岩体的强时效属性导致深部高能级、大体量的工程灾害频发，且灾害机制不清、难以预测和有效控制。围岩的稳定性与时间效应密切相关，围岩的时效规律如果把握不好，容易造成极大的安全隐患。工程围岩是复杂多变的，很难用一个蠕变模型或有限的现场监测数据去描述时效围岩的亿万种可能，同时，传统的围岩控制理论在深部的适用性存在争议。

　　巷道的开挖与支护是一个非线性过程，不同的开挖强度、开挖速度、开挖方式、开挖工艺、支护时机、支护参数，导致了不同的围岩变化规律和不同的围岩损伤程度。围岩的损伤变形与时间密切相关，由于围岩的时效机制复杂，造成合理的支护形式和支护时机确定困难。

　　本书综合理论分析、数值模拟、物理试验、工程测试和现场监测等手段，探讨了煤矿巷道在掘支过程中的时效规律，包括围岩的渐进变形、破坏和结构稳定性三方面；通过微观视角阐述了时效围岩的变化机制，推导了围岩的范围边界与时间变化之间的关系函数，构建了时效围岩应力和位移的解析计算方法；探究了预应力锚杆的时效支护机制，归纳了预应力锚杆与围岩相互作用的应力解析计算方程，并在锚杆的解析方程中引入了时间变量；研究了锚杆的支护长度和预应力等参数的最优值，确定了最优参数的衡量方法，为时效支护提供了设计依据。

　　书中理论观点难免有不足之处，敬请指正。

作者

2023年1月

目录

1 绪论

1.1 研究意义

随着我国经济的快速发展，矿区优质资源持续开发，储量逐渐减少、易采煤炭逐步枯竭的情况下，矿山逐渐转向对深部资源和复杂难采资源的开采[1-4]。随着采掘深度的逐年递增，深部煤炭开采已然趋于常态。由于深部岩体典型的"三高"赋存环境下的强时效属性，导致深部高能级、大体量的工程灾害频发，且灾害机制不清、难以预测和有效控制，传统的岩石力学和开采理论在深部的适用性存在争议。

围岩的稳定性和时间密切相关，围岩的时效规律如果把握不好，容易造成极大的安全隐患。围岩的时效规律主要基于室内蠕变实验和工程监测进行研究。然而，工程围岩是复杂多变的，很难用一个试块或有限的现场监测数据去描述围岩的亿万种可能。围岩的时效规律是指考虑时间因子作用下的围岩规律，将时间因子参数引入工程围岩支护领域是许多专家长期奋斗的目标。

一般事物都具有时效性，同一件事物在不同的时间具有很大的性质上的差异。围岩也具有时效性，围岩支护的策略和时机，对顶板安全和支护成本起着决定作用。时效性影响着决策的生效时间，时效性决定了决策在特定时间内是否有效。围岩的时效性，能否像时间和空间那样精准地测量，是一个新课题。很多专家从不同角度研究了围岩的时效性，但没有进行系统的研究；原因是没有合适的衡量工具，这导致了相关的研究进展迟缓。

掌握围岩的时效规律只是围岩治理工作的一部分，利用时效规律制定和实施相应的支护方式、保证巷道安全才是最终目的。预应力锚杆是煤矿巷道中最普遍的支护方式。研究一种围岩时效规律的衡量方法并匹配一种高性能的预应力锚杆支护技术，有助于解决煤矿时效围岩的支护问题。因此，研究预应力锚杆时效支护具有重要意义。

1.2　国内外研究现状

1.2.1　围岩时效性的研究现状

谢和平、周宏伟等认为，围岩的时效性是指岩石的物理力学特征及变形随时间的演化规律，变形中的流变效应属于常时性，非采动引起的围岩变形，是巷道长期支护过程的主要变形；而围岩的强时效是指深部开采环境下采动岩体具有与采矿活动无关的、明显的流变效应，对多场多相渗流产生耦合影响。世界范围内的学者利用各种手段研究了围岩的时效性。这些研究主要分为3类：研究岩石的时间流变特性，研究岩石破裂扩展进程，研究煤炭开采和巷道掘进等工程活动中的围岩动力演化规律。

1.2.1.1　岩石的流变过程

围岩流变特性是岩石重要的力学性能之一，与巷道工程的长期稳定性息息相关。巷道围岩流变特性会与时间因子耦合，结构表现出显著的时间效应，一旦发生不可控结构性流变，将会严重影响生命和财产安全。随着采煤深度的逐年递增，地应力增高，巷道围岩控制越来越艰难。

在地下工程中，围岩变形可延续数十年之久。即使周围没有相关的工程活动，巷道开挖10年后，仍可能出现坍塌冒落。作为岩石重要的力学特性之一，流变行为广泛存在于矿山等岩石工程中，其研究也成了岩石力学研究的热点。围岩流变在现场的直观反应是变形。在法国，一个地下围岩工程蠕变9年后发生较大的收敛变形，可利用空间减少了35%；类似地，美国一个超大地下工程在短短两年时间内，围岩底板产生了约36m的隆起变形，可利用空间收缩了40%左右，导致工程无法继续使用[10]。中国一个超大型煤矿，受二次扰动的回采巷道围岩变形相当严重，一年扩修4～5次，3m高的累积变形量超过了2m（实地调研）。这些现象给工程维护和管理造成了严重的影响，其对地下空间的开发利用提出了更高的要求。在高应力软岩巷道中，围岩变形收缩率大于70%的矿井很常见。高应力软岩治理依然是世界性的难题，根本原因就是软岩的高流变性。目前，工程中的流变性应对策略主要是工程监测和工程经验类比。围岩是非均质的材料，同时节理裂隙横生，非常复杂；使用数值方法模拟围岩的流变性，困难重重。很多学者研究了岩石试样的室内蠕变实验，试图揭示流变机制，帮助完善数值计算方法。然而，在该研究领域，尚无成熟的理论和计算方法可供借鉴，依然存在诸多科学问题有待解决。

巷道围岩在高应力的作用下表现出软岩的特征，岩石的流变速度、流变时间都在增大。岩石的室内蠕变试验是研究岩石流变最重要的手段，它能归纳、指导和验证理论成果。岩石蠕变试验主要有：单轴压缩、双轴压缩及三轴压缩蠕变，拉伸、剪切蠕变测试等。国外学者ITÔ和Sasajima S开展了长达10年的岩石试件的抗弯曲蠕变测试，表明岩石蠕变变形是一个波动的过程。国外学者Mike Heap做了大量的岩石蠕变试验，证明了在加速三次蠕变开始之前，需要达到一个临界破坏水平。微观结构分析表明，三次蠕变开始时的裂纹密度相对较低（与试样破裂时的裂纹密度相比）。从未变形状态到三次蠕变开始，裂纹各向异性增加了3倍。这有力地证明了在主蠕变和二次蠕变过程中，轴向裂纹的生长主要是由次平行于最大主应力引起的。岩石蠕变有一个下限，当岩石所受应力值达到或超过该下限值，才产生随时间而增长的流变变形；且随着时间的推移，岩石的强度逐渐降低并趋于一个稳定值，岩石试件的蠕变时间曲线如图1-1所示。

国内学者也对岩石流变行为进行了大量的研究，并取得了丰硕的研究成果。早期，陈宗基为了指导三峡大坝建设，做了大量的蠕变测试，研究了岩石的封闭应力和蠕变扩容现象，提出了确定岩体长期稳定强度的本构方程。陈卫忠等基于室内物理试验，改进了力学元件组合蠕变模型，其结果与工程中的蠕变现象更加吻合。贾剑青基于Kelvin-Voigt流变模型理论，推导了围岩与支护体间的接触压力

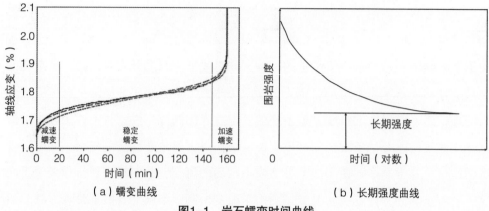

（a）蠕变曲线　　　　　　　　　　（b）长期强度曲线

图1-1　岩石蠕变时间曲线

及位移时效方程，定义了支护体时效破坏概率的概念和计算方法，确定了支护体受力变化的时效可靠性方程。侯荣彬[3]基于室内岩石蠕变实验结果，改进了岩石蠕变的基本力学元件，建立了受初始损伤影响的蠕变损伤演化方程，提出了考虑初始损伤效应的非线性蠕变损伤力学模型，这一模型能够很好地反映出蠕变三阶段的特征，并且能够表示初始损伤对蠕变破坏应力阈值的影响。孙钩认为岩石流变是指岩石矿物组构（骨架）随时间不断调整重组，导致其应力、应变状态亦随时间持续地增长变化。软岩流变速度快，硬岩流变速度慢。高应力会影响流变速度，即使是硬岩，在高应力作用下流变速度也会变得相当快。此外，渗流场、化学场、温度场等都会对岩石的蠕变产生重要影响。冯夏庭等研制了化学渗透与岩石蠕变耦合的实时测试装置，以及多场耦合的岩石蠕变仪，通过实验结果建立了相应的蠕变模型。

　岩石的流变常常基于蠕变试验进行分析，除了现场监测外，岩石的蠕变研究主要集中在室内蠕变试验和优化蠕变本构模型两方面。室内蠕变实验周期长，一般要数月到数年，即使这样也很难吻合工程现场的需求，很多地下工程的服务年限达到了数十年甚至上百年。数值模型蠕变试验对时间的要求较低，问题是准确性存在质疑。蠕变本构模型的改进和优化，一般需要添加新的力学元件。常见的蠕变模型公式复杂，计算速度慢；改进后的新模型常常更复杂，计算速度更慢，这也是很多新的蠕变模型不能推广的原因。

1.2.1.2 岩石的渐进破裂过程

岩石的破裂过程会使岩石应力不断地重新调整，这也会显现出较明显的围岩时效性。康红普论述了煤炭开采与岩层控制的时间尺度，包括世界煤炭开采历史，矿区、矿井的服务年限及开采参数，静态、动态煤岩力学试验，煤岩破碎，围岩变形与破坏及煤矿动力灾害的时间尺度分布。任何岩石变形均具有不同时间尺度的时效性，煤炭开采与岩层控制研究的时间尺度集中分布在$10^{-7} \sim 10^{16}$s（上亿年），跨了23个数量级。冲击地压的破坏的全过程累积时间仅为几秒到几十秒，故研究岩石破裂过程应从毫秒甚至更小尺度上进行。虽然，岩石的破裂过程时间尺度很小，但是，破裂过程的时间叠加却可以很长。在巷道开挖后，首先是围岩浅部产生了一些裂纹，然后随着时间的推移裂纹会逐渐新生和扩展，这个裂化过程的时间尺度也许是数分钟、也许是数十年，尺度长短与人工干预和围岩环境有关。工程中裂纹的新生和扩展主要分布在岩体内部，其演化过程很难被捕捉。微震监测是透视裂纹演化的重要技术，它能实时监测和预告围岩安全系数，能对危险围岩做出预警。

20世纪初，人们还没有关注围岩渐进破坏问题。随后的一段时间，不断出现了边坡失稳、大坝溃堤、隧道坍塌等事故，领域专家才慢慢意识到，岩体的劣化破坏不是一蹴而就的，而是长期地、渐进地、间歇地发生的。1920年，英国科学家格里菲斯发现了材料的缺陷对物体的强度有非常大的影响，便提出了断裂力学的概念。格里菲斯不仅给出了断裂力学的模型，而且给出了裂纹扩展临界值和扩展方向的计算方法。在国内，谢和平将数学中的分形引入了裂纹计算方法中，开拓了一个新的方向。研究岩石的渐进破裂仍然是今后岩石力学相当重要的一个方向[28]。杨小军、高峰基于分形理论，做了大量的损伤断裂分形的研究。断裂力学的出现，使得岩体破裂过程的研究，从宏观现象归纳跃升到了机制分析。断裂力学成了研究热点。

数值模拟能形象生动地揭示裂纹的演化规律，能帮助人们较好地理解裂纹的时间效应。李响等[36]建立了非均质体岩石的裂纹计算模型，利用亚临界裂纹扩展理论描述了与时间相关的裂纹亚临界扩展过程，计算过程可体现裂纹扩展的时间效应，从而实现对所模拟结构的寿命预测。

很多学者[37-41]在裂纹方面做了大量的工作，然而，工程中的岩体裂纹分布是复杂的、随机的，难以建立精准的计算模型。为了解决这个难题，先后出现了位错理论、Weibull 理论、随机理论、统计损伤理论。唐春安基于Weibull分布和统计学原理，开创了非均匀介质的岩石失效过程计算软件RFPA，该软件能较好地模拟真实的岩石破裂进程。常用的有限差分软件FLAC3D和有限元软件Abaqus，通过其二次开发功能，都能实现岩石的破裂过程仿真计算。此外，研究裂纹扩展计算的另一个重要方法是离散元法和块体理论法，代表性的计算软件有PFC、U-DEC、3DEC和DDA等。虽然，裂纹扩展计算方法众多，但由于基于各种假设，仍存在各自的缺陷。同时，这些软件受到计算单元和计算速度的限制，仍然和工程需要存在较大差距。软件在不断发展，为了更好地研究岩体破坏规律，软件间进行了相互融合。其中，有限元和块体理论结合开发了软件DDD，FLAC3D和PFC3D也进行了相互融合。

目前，数值计算是研究岩体渐进破坏的关键方法，而物理破坏试验的目的常常是为数值计算提供一些指标和依据。前者，基本都是基于一些假设，存在瑕疵，但其试验成本低，数据信息获取容易，计算结果生动形象；后者，相对真实可靠，但其试验成本高，数据信息获取难，只能实时捕捉到外部裂纹发展过程，内部裂纹发展过程难以实时捕捉。声发射和CT扫描为岩体内部裂纹透视提供了技术支持，但仍然不能满足我们的实际需求。唐春安教授将CT技术和RFPA软件进行了有机结合，做到了用真实的岩石裂纹信息进行数值计算，推进了裂纹时效破坏的研究。然而，现有的精确的岩石CT技术仅适用于小试件（100mm左右），RFPA3D-CT软件也要受到计算单元的约束，对于超量级模型单元难以应对。期待未来技术快速发展、计算机和算法快速提升，来缓解相关问题。

1.2.1.3 围岩的采掘扰动过程

巷道开掘、采煤工作面推进和相邻工作面扰动等都会导致围岩应力进行反复调整，这个过程也表现出了较强的时效性。围岩的时效性是时间与空间的结合，采掘扰动围岩的时效性主要围绕时空演化规律进行研究，开展巷道围岩应力场、位移场、破坏场的实测分析，揭示巷道围岩应力场等演化规律。常规的研究内容有：掘进和开采过程中，围岩不同位置的最大应力变化规律，不同位置的最大应力和时间的关系，围岩变形速率和时间的关系，以及位移变化量与时间的关系等，如图1-2所示。

杜晓丽[80]着重研究了采动作用下的岩体应力转移变化所形成的压力拱演化规律，分析了工作面推进过程中岩石压力拱的形成和演化规律。结果显示：采煤工作面推进过程中，采空区围岩应力不断转移，引起围岩应力集中、影响范围增

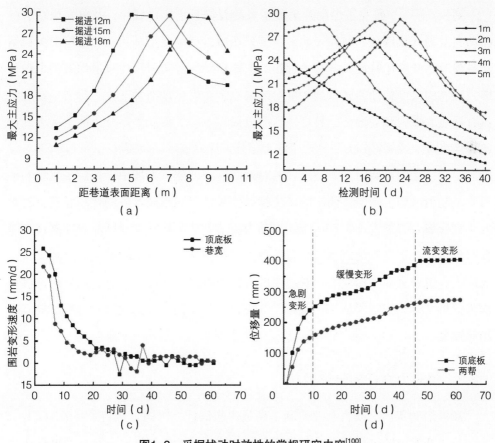

图1-2　采掘扰动时效性的常规研究内容[100]

大；随着工作面的逐渐推进，应力集中区域自采空面向周边扩展且不断变化。

钱鸣高开创了砌体梁理论，揭示了采矿过程中岩层的运动规律，为岩层控制提供了理论依据。采矿的过程是对矿区的地层产生了扰动，必然引起岩层运动和地层内应力场与裂隙场的改变，从而影响矿压显现和地表沉陷等安全问题。由于采动岩层运动的复杂性，至今仍然有很多问题没有解决。

许家林等研究采掘过程中的岩层运动，揭示了采动覆岩卸荷膨胀累积效应及其对岩层运动规律的影响机制。研究表明：采动覆岩经历了卸荷膨胀与再压实的动态过程。受关键层结构控制，上覆岩层由下向上成组破断运动，关键层破断前，阻断了上覆载荷向下方岩层的传递，导致其因卸荷而产生膨胀，包括碎胀与弹性膨胀。

刘长友等[88,89]研究了煤层开采覆岩采动裂缝时空演化规律，及覆岩采动裂缝的动态发展变化特征。结果表明：煤层采场覆岩移动变形随承载关键层的失稳运动呈现动态性变化特征，承载关键层的失稳运动导致覆岩产生直通地表的采动裂缝，裂缝的尺度特征亦随承载关键层的失稳运动发生动态性变化。覆岩采动裂缝具有明显的纵向和横向分区特征，纵向分区以承载关键层为界分为两个区域，横向分区将采空区覆岩分为裂缝产生区、裂缝贯通发展区以及裂缝闭合区。

工程扰动力对巷道围岩稳定性的时效影响很剧烈。采场中一切矿压显现的根源是采动引起的上覆岩层的破断、失稳。受采动覆岩破断产生的扰动巷道，常常发生大变形、冒顶及冲击矿压等煤岩动力灾害，研究扰动巷道的时效控制技术非常有价值。王正义等建立动力波与巷道围岩相互作用的理论模型，以深部围岩径向应力、巷道表面切向应力、巷道表面径向位移以及深部与巷道表面径向位移差作为分析指标，确定了围岩动载薄弱部位，推导了锚杆受力机制并提出了响应的破坏判据。

1.2.2 预应力锚杆的研究现状

20世纪80年代，澳大利亚研制了高强树脂锚杆，锚固力达到了250kN以上。至此，锚杆发展经过徘徊期后，世界各国的锚杆开始蓬勃发展。预应力锚杆技术的出现与发展又使锚杆支护跃升了一个台阶。预应力锚杆首先在美国被提出和发展，并取得了显著的成效。随后，预应力锚杆技术被引进到中国，在矿山进行了推广，并取得了成功。如今，预应力锚杆支护已经是全世界矿井的主要支护方式。深埋巷道的高应力使得顶板岩体的流变速度加快、时效性明显变强，导致支护问题日益突出。在过去的几十年，煤矿锚杆经历了从低强度到高强度（屈服强度：235→1670MPa），从低荷载高荷载（破坏载荷：50kN→900kN），从短到长（1.5→10m），从细到粗（直径：14→30mm），从低预应力到高预应力（预应力力：0→300kN）[106]。这些进步依然难以解决许多深部围岩的安全支护问题，故锚杆还需要进一步发展和改进。在岩土水利工程领域，1000kN、2000kN、3000kN、6000kN的预应力锚杆索支护技术已经成熟；其中，单根锚索最大拉拔力达到了13000kN，预应力达到了9000kN。相比之下，100kN量级的煤矿预应力锚杆还有很大的发展空间。

煤矿的锚杆支护与边坡和水利工程中使用的锚索束相比，锚杆长度较短，施工速度较快，施工空间较小。因此，其他领域的高预应力技术在煤矿中的应用受到了很大的限制。传统的煤矿支护中难以对锚杆施加超高的预应力，其主要原因有三方面：一是锚杆与围岩的黏结强度不够；二是材料强度或锚杆的破断荷载不足；三是采矿施工机械功率不够，不能施加更高的预应力。这些原因阻碍了高强度预应力锚杆在煤矿中的应用。此外，锚杆结构类型也是限制高预应力锚杆应用的一个重要因素。

锚杆是由杆体、锚固黏结体、托盘和锁具四部分组成的。随着采掘深度的逐年递增，巷道支护难度逐渐升级，对锚杆也提出了更高的要求。通过深入研究锚杆受力特征和薄弱环节，各种新型锚杆逐渐涌现，如图1-3所示。研制新型锚杆主要有3个目的：大幅提高锚固力，大幅提高预应力，改善锚杆抗冲击破断力[114-116]。大幅提高锚杆预应力具有很多优势，要想大幅提高预应力，就需要大幅提高锚杆的锚固力和破断荷载。

锚杆在支护过程中可能出现失效和破坏，降低支护效果，甚至发生安全事故。国内外学者对锚杆的失效模式进行了大量的研究。官山月基于物理实验和中

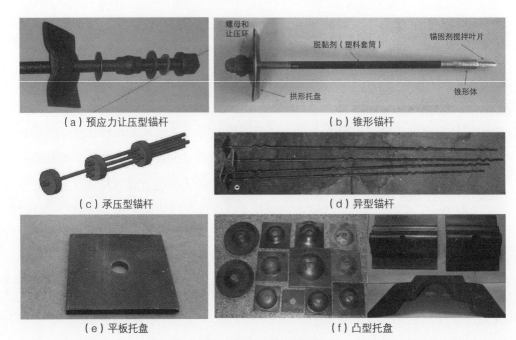

（a）预应力让压型锚杆　　　　　　　　　（b）锥形锚杆

（c）承压型锚杆　　　　　　　　　（d）异型锚杆

（e）平板托盘　　　　　　　　　（f）凸型托盘

图1-3　锚杆结构与托盘

心点理论建立了锚固失效的力学判据。安铁梁开展了循环荷载下锚杆的拉拔试验，并使用声发射监测了锚杆脱黏失效的过程，结果表明，锚固界面破坏存在第一界面破坏（锚杆与锚固剂界面）和第二界面破坏（锚固剂与围岩界面）两种情况。刘少伟通过数值模拟和物理试验联合研究锚杆的剪切特征，为工程中剪锚力的设计提供了理论依据。Liang yuntao等，构建了锥形锚杆的力学模型，该模型能较好地分析锥形体和围岩界面之间的相互作用及失效模式，为锥形锚杆的应用提供了理论依据。Masoud Ranjbarnia建立了一个简化的全长锚固条件下预应力锚杆的界面力学模型，可以较好地帮助理解预应力长锚固锚杆的剪应力分布规律。Yue Cai等基于剪滞理论，共同建立了锚杆与围岩相互作用的受力模型，为锚杆的解析计算算法提供了关键依据。Wang B等通过数值模拟研究了锚杆的锚固长度与承载力之间的关系，结果显示，锚杆存在有效长度，当锚杆超过有效锚固长度时，锚杆的承载力不会得到明显改善。此外，还有许多领域专家都对锚固结构的分析模型和失效判据做了大量工作。

吴拥政等[124-126]研究了矿井下部分强力锚杆尾部螺纹发生破断且无"径缩"问题，对锚杆杆体尾部螺纹段进行了受力分析，研究了强力锚杆杆体尾部破断机制。结果显示，锚杆尾部变径产生了应力集中，同时托盘接触球面自锁和回转中心不合理使得锚杆受力继续恶化，随后，通过优化接触球面结构大大改进了锚杆破断现象。

王晓卿等研究了黏结刚度对预应力锚杆支护效用，结果表明：在相同条件下，黏结刚度控制锚杆的增阻特性，随着黏结刚度的增大，增阻特性由缓慢发展转为急剧增大。

康红普等在实验室开展了锚杆与钢带组合构件的拉伸试验，同时还基于实验室进行了几种常用锚索钢绞线的拉伸试验。结果分为4个阶段：初始承载阶段、弹性变形至屈服阶段、屈服后强化阶段、破断阶段。同时，为了解决锚杆强度偏低、不能适应围岩冲击力等问题，他们究了超高强热处理锚杆和预应力钢棒，并在矿井中成功应用。监测结果显示，锚杆工作锚固力可以维持在223kN及以上。

锚杆支护理论研究成果较多，包括组合梁理论、组合拱理论、围岩强化理论、悬吊理论等。这些理论多数由外国专家提出和发展，后期被引入国内。经过多年的探索和发展，国内学者对支护原理也提出了很多新的观点和新的内容。

侯朝炯提出了锚杆支护的围岩强度强化理论，认为锚杆支护的实质为锚杆与锚固区域的岩体相互作用形成锚固体，锚杆支护可以提高锚固承载体的力学参数，包括岩体的等效强度、弹性模量等。锚杆支护提高了围岩体的抗变形能力和自稳能力。

袁亮认为巷道开挖后，在围岩变形很小时，脆性特征明显的岩体就出现开裂、离层、滑动、裂纹扩展和松动等现象，使围岩强度大大弱化。如果未施加预紧力，锚杆就不能及时阻止围岩的开裂、滑动和弱化。换句话说，围岩变形和锚杆承载过程不同步。围岩先弱化破坏到一定程度，锚杆才开始承载，这种矛盾在浅部围岩中常常不突出，然而，在深部有可能发生灾难性的后果。如果能给锚杆及时施加足够的预应力，就可以及时抑制围岩变形、减缓围岩劣化进程。同时，给围岩施加一定的预应力，能够改善围岩的应力环境。因此，及时施加预应力有利于快速形成整体承载结构，有利于巷道长期稳定。

康红普认为巷道开挖后，围岩应力进行了重新调整，岩体中出现了拉应力区和剪应力区。通过施加锚杆预应力能够改善围岩的拉应力区和剪应力区的受力环境。预应力不仅可以抵消围岩中的部分拉应力，提高围岩承载能力，而且还可以通过预应力对围岩挤压产生的摩擦力，提高围岩的抗剪能力。围岩内部存在各种裂隙等不连续面，不连续面的存在对围岩稳定性影响较大。锚杆对不连续面的作用机制是：通过预应力提供的锚杆托锚力与切锚力，阻止不连续面产生错动和位移，进而提高节理岩体的整体强度、完整性与稳定性。

何满潮研发了高预应力恒阻大变形锚杆，并在很多大变形巷道中进行了应用，并取得了良好的支护效果。结果表明，预应力对围岩支护有积极的帮助，提高锚杆预应力同时，适当让压变形，可以充分调动围岩的自承载能力，改善围岩的支护效果。

张农认为顶板垮落的机制是围岩体受到了5个面的力学切割，首先发生表层块体松脱冒落，接着次生的正向裂隙决定了后续垮落，最后发展恶化导致锚固区内外整体垮塌。一般情况，锚固区内外都会有裂隙，锚固区内外的过渡段有应力调整和应力集中，如果能消除锚固区内外的裂隙贯通，就能有效控制顶板；大锚杆（高强度柔性锚固）、长锚固（较长的锚固长度）、高预紧（力）支护技术是一种与之匹配的顶板控制方法。基于这些原理，提出了顶板连续梁控制思想：通过大锚杆、长锚固、高预紧支护技术，及时构建厚度和预紧力满足要求的预应力锚固岩体，形成预应力厚梁，实现消除离层和连续化小变形支护效果的顶板锚固结构，进而提高支护承载强度、控制顶板安全。

锚杆支护领域的相关专家还有很多，都为锚杆支护技术和理论的发展做出了重要贡献。领域专家普遍认为，在同等地质条件下，提高锚杆预应力可以改善围岩应力环境、提高支护效果，也可以进一步增大锚杆间排距，减少锚杆用量，降低巷道支护成本。锚杆参数和预应力的合理配置可以使锚杆长度之内和锚杆长度之外的上覆顶板岩层都不存在离层破坏。对于预应力锚杆支护的基本作用包括以下4个方面：

（1）当施加预应力（又称预拉力、初撑力）达到一定程度时，可以使顶板岩层处于横向压缩的状态，形成预应力承载结构，从而使锚杆长度范围内和锚杆长度以上的顶板离层得以消除。在高水平应力条件下顶板表面的剪切破坏是不可避免的，但通过建立顶板预应力结构可提高顶板整体的抗剪强度，使其破坏不向顶板纵深方向发展。

（2）在一定条件下，水平应力的存在有利于巷道顶板的稳定。水平应力的存在可以起到夹住锚杆的作用效果，有助于提高锚杆的锚固力和自由段的摩擦阻力，形成更稳定的承载结构。对锚杆施加较大的预应力能将围岩表面的应力更好地转移到围岩深部，应力转移效果与锚杆长度参数有关。然而值得注意的是，高预紧力的较短锚杆可能比无预紧力的长锚杆会起到更好的支护效果。

（3）当预紧力达到一定值后顶板岩层在不同层位会出现一定的正应变和负应变，其累计值还不足以造成明显的顶板下沉，即预应力结构（梁）可以做到不出现横向弯曲变形，只有纵向的微小的膨胀和压缩变形。

（4）当预拉力达到一定程度后，预应力顶板将使得垂直压力均化到巷道两侧的纵深范围，减缓巷道两侧围岩的应力集中程度和岩体破坏。两帮的片帮现象缓和后，巷帮的维护将变得相对容易。

事实上，与围岩一样，预应力锚杆本身也具有时效性。锚杆的时效性主要体现在：锚杆轴力变化的时效、托盘变形过程应力变化的时效，以及锚固界面脱黏失效过程的时效等方面。

1.2.3　存在问题与发展趋势

围岩的时效性是多因素的、复杂多变的。同时，预应力锚杆的时效性也比较复杂，不仅存在锚固与围岩相互作用的时效，而且还存在锚固段脱黏过程的时效和托盘变形的时效。当前，对于时效围岩支护的研究取得了较多成果，但总体上是相互割裂的，不成体系，很多方面有待深入研究。

1.2.3.1 时效围岩的机制揭示不足

时效围岩除了流变时效、破裂过程时效和开挖扰动时效外，还有力的传递过程时效。力的传递过程需要时间，会体现出时效性。岩土中的原岩应力和围岩应力，时时刻刻要向巷道周边传递力，这个传递过程应该是波动的、往复的。此外，时效围岩持续变化的本质是什么，还有哪些重要因素需要考虑，都需要进行深入探索和研究。

1.2.3.2 时效围岩支护的方法或缺

时效的概念在岩土工程中已经使用多年，领域专家们有各自的理解和解释，但尚未查到时效围岩和时效支护相关的定义和内涵。时效围岩的安全性如何衡量、如何计算，判断标准是什么，都需要构建和探索。目前，支护理论和技术很丰富、也很成熟，但是和时效围岩相匹配的支护理论和技术都需要进一步研究。

1.2.3.3 预应力锚杆构件还需精细化研究

预应力锚杆构件主要有：锚固段、锚杆杆体、托盘和螺母（锁头）。自从锚杆在煤矿中普及以来，与锚杆相关的研究很丰富、成果也很多，包括锚固段的拉拔试验，杆体的抗拉、抗弯、抗扭和抗腐蚀试验，以及托盘和螺母的受力优化试验等。这些研究大多是独立进行的，以室内试验为主。然而现场情况是复杂多变的，例如，支护过程中，托盘的受力是变化的，即使锚杆的轴力不变。托盘的受力变化对支护效果有极大的影响，要想了解托盘的时效规律就需要对锚杆构件进行精细化研究。

1.2.3.4 工程仿真计算还未成熟

由于理论算法和计算机性能的限制，当前的仿真计算软件还不能满足大规模科学与工程计算，勉强使用犀牛等辅助软件建立的大模型，计算结果也是锯齿严重、不太理想，如图1-4所示。同时，围岩结构失稳和破裂过程的数值分析对仿

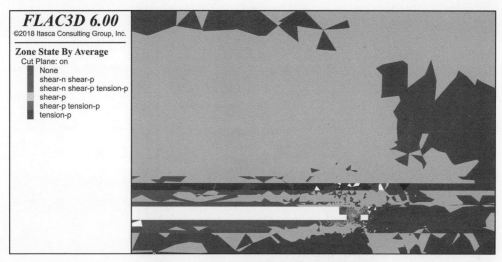

图1-4　FLAC3D大模型计算结果锯齿严重

真计算又提出了更高的要求。现有的计算软件，很难同时考虑围岩破裂、围岩蠕变、围岩超大规模开挖等符合现场真实开采环境的仿真计算。工程岩体的层理、裂隙横生，非常复杂，重构真实围岩模型相当困难。当前，最先进的仿真软件也对之无能为力。在煤矿开采环境下，既要考虑超大尺寸范围内的工程扰动，又要考虑微小尺寸锚杆受力。在超大尺寸模型中研究精细化的锚固界面脱黏失效过程，仿真软件也难以解决。总而言之，存在的问题是计算模型的尺度与国家工程尺度不对称，以及计算模型的规模与计算机的性能不对称。因此，工程仿真计算急需进一步发展。

1.3　主要研究内容与技术路线

本文围绕煤矿巷道预应力锚杆时效支护的相关问题，通过理论分析、物理实验、数值模拟、应用验证等方法，归纳围岩的动态演化规律，萃取围岩的时效特征，分析围岩时效机制，旨在为强时效性的围岩支护提供帮助。基于多种研究手段，归纳总结围岩时效变化规律，包括时效围岩应力演化规律、位移应变演化规律和破裂演化规律。具体研究内容包括以下3个方面：

（1）研究巷道围岩变形和时间的关系，探索巷道围岩扰动边界的时变规律，建立巷道围岩扰动边界与时间的关系函数，推导时效围岩应力和变形的解析计算方程。

（2）研究预应力锚杆的脱黏失效特征，揭示锚杆长度、预应力对锚固盲区的影响规律，分析锚杆托盘的应力扩散机制，提出预应力锚杆与时效围岩耦合作用的计算方法。

（3）设计超级预应力锚杆结构，分析超级预应力锚杆的力学性能，开发基于超级预应力支护的时效分析软件。

具体的研究方案如图1-5所示。

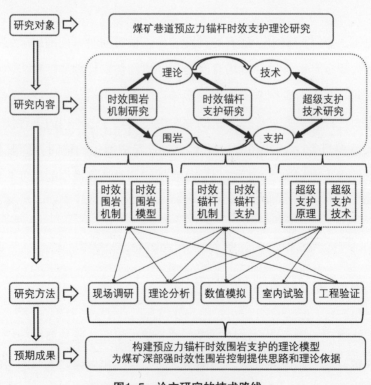

图1-5　论文研究的技术路线

2 时效围岩的内涵与模型构建

　　了解和预测不同时刻的围岩状态有助于设计和优化支护参数，提高顶板支护效率，这对制定相应的控制和维护对策具有重要意义。传统的围岩支护主要侧重于宏观结构的研究。事实上，很多自然现象发生在十分微小的尺度上（原子、电子尺度上），一些特殊的现象和内涵需要在微观世界的范围内才能得到解释。本章节立足于微观结构，分析了围岩时效作用的内涵，探究了微观结构和宏观结构之间的联系，建立了时效围岩的计算模型。

2.1　时效围岩的内涵

　　时间效应，简称时效，是指在时间的作用下，事物产生变化后的宏、微观表现；又指在一定时期内物质运动和能量传递过程中产生的功效（做功和效果）、作用和结果；由于时间效应需要在空间中完成，时间效应又指事物的时空关系和时空规律。

　　围岩具有时间效应，考虑时间效应影响的围岩称之为时效围岩，时效围岩也指时空条件下的围岩变化规律。工程中把重分布应力影响范围内的岩体称为围岩。巷道围岩是指，由于开挖的影响，巷道周围重分布应力影响范围内的岩体。传统的弹塑性理论认为，巷道围岩的分布范围一般为$3 \sim 5R$（R为巷道半径）。事实上，在时间效应的影响下，围岩的扰动边界是变化的，充满了不确定性。巷道在开挖的瞬间，其围岩的扰动范围为零；随着时间的流逝，岩体渐渐发生变形和破裂，围岩的范围也随之逐渐变大。围岩扰动范围的发展过程遵循一些规律：

巷道变形越大，围岩的扰动范围就越大；巷道破坏越严重，围岩的扰动范围就越大；巷道围岩材料属性越差、越软，围岩的扰动范围就越大；巷道原岩应力越大，围岩的扰动范围就越大；巷道的时间越长，围岩的扰动范围就越大。

巷道围岩的时效性主要体现在，随着时间的变化围岩体向巷道方向产生位移，并伴随有裂纹的新生、闭合和扩展，严重时发展成破裂和坍塌。围岩处在三维空间，时效围岩处在四维空间或高维空间。三维空间是四维空间的投影，三维空间只包括当下的状态，四维空间包括过去、现在和未来，如图所示2-1所示。三维空间检验三维真理，四维空间检验四维真理，高维空间检验高维真理。因此，研究时效围岩，需要将第四维变量"时间"引入三维空间。

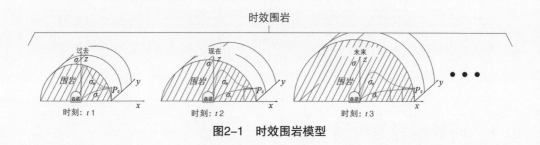

图2-1　时效围岩模型

2.2　时效围岩机制探究

巷道围岩产生时效作用的直观原因主要体现为5个方面：力的传递时效、岩石的流变、岩体的破裂演化、工程开挖扰动和外部环境变化。其中，力的传递时效性在本领域研究较少，先前的研究主要围绕岩石的动力力学展开。本节基于微观分子受力和运动特征，探究了围岩几个方面的时效机制。

2.2.1　力的传递时效

研究表明，力从物体的一个位置传递到另一个位置，需要一定时间间隔才能完成。从物体的微观分子结构分析，力的传递本质上是一种分子机械运动。如图

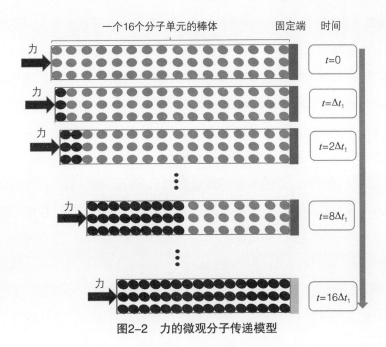

图2-2 力的微观分子传递模型

2-2所示，在一个杆的左端施加一个力，这个力先推动的是杆左端的第一排分子，第一排分子在运动过程中发生了位移。第二排分子感受到了第一排分子运动所产生的电磁力的变化，也发生了移动。这样一排传一排，最终力传递到了杆的最右端。分子的电磁力是由分子电荷的电磁场引起的，科学家认为电磁场的建立速度是光速（信息传递的最快速度），电磁力和电磁场应该是同时产生的，然而电磁力的传播速度不是光速。分子感受到了电磁场以光速发生变化的同时，分子自己的速度也随之发生了变化；这种变化后的速度并非光速，而是要用电磁力除以受力分子的质量，才会有第二排分子的加速度。这个加速的运动状态的传递速度其实是分子机械运动的速度。值得注意的是，分子机械运动的速度就是声速，即，声音在材料介质中的传播速度。所以，力在介质中的传递速度是声速，其传递时间即为传递距离除以介质的声速，计算公式如下：

$$t_f = \frac{s}{v} \tag{2-1}$$

式中：t_f为力在（固体）介质中的传递时间；s为力在（固体）介质中的传递

距离；v 为力传递介质的声速。声速是指声音在介质中的传播速度，不同的介质声速不同，一般介质的密度越大，声速越快。常见的介质声速如表2-1所示。以声速为500m/s的软木桌子为例，假如给高度1m的桌子上施加一个压力，那么这个压力从桌面传递到地面大约需要0.002s的时间。

力的传递规律与特征与声音的传递类似。声音的传播包括3个物理参量：声源与观察者之间的距离、声源的震动频率、传播介质。同理，力的传递也需要3个物理参量：力的传递距离、力的大小和传播介质。研究结果显示："力的传递时间与传递距离有关系，距离越长，力的传递时间越长；力在传递过程中，会在介质内部向四面八方分散辐射，随着距离的增加，力的大小和做功能力逐渐衰减，直到观测者无法感知。换言之，力的传递存在一个极限感知距离。当力的传递距离超过极限感知距离后，这个力对感知距离外的物体影响极小，可忽略不计。当传递介质和力的大小发生改变时，力的感知距离也会发生变化，变化规律为，力越大、传递介质的声速越快，则力的极限感知距离越长"。

力的传递过程与声速有关，声速与介质有关，介质与材料的密度有关，材料的密度与岩石的软硬有关，一般岩石越硬，声速越快。这意味着，力的传递时效与围岩的岩性有关。硬岩的密度大，声速快，故硬岩巷道的力传递时效较快，短时间内就能完成初始稳定；而软岩的密度小，声速慢，故软岩巷道的力传递时效较慢，短时间内不能完成初始稳定。力在传递过程中是动态的、不平衡的。从宏观角度看，当力的传递过程结束后，力才会变为静平衡态；然而，从微观角度看，由于物体的分子在永不停歇地做无规则的运动，故分子间的电磁力是永不平

表2-1　不同介质的声速

介质	声速	介质	声速	介质	声速
真空	0m/s	煤油（25℃）	1324m/s	大理石	3810m/s
空气（15℃）	340m/s	蒸馏水（25℃）	1497m/s	铝（棒）	5000m/s
空气（25℃）	346m/s	海水（25℃）	1531m/s	铁（棒）	5200m/s
软木	500m/s	铜（棒）	3750m/s		

衡的。事物的发展需要静态，没有静态的稳定，力的传递就无法立足。因此，揭示力的传递时效，需要从一个个静态瞬间，上升到动态变化的趋势。

巷道开挖后，围岩应力进行了重新分布。离巷道表面近的应力传递较快，离巷道表面远的应力传递较慢，由于这种快和慢的时差，形成了循序渐进的循环力传递过程。在循环往复的传递过程中，围岩表现出一些特征：时间越长，浅表围岩感受到的不同快慢批次力的累积叠加频次越多，受到的功效越大，主要表现为围岩变形越大，破坏程度越严重；反之，时间越短，浅表围岩感受到的不同快慢批次力的累积叠加频次越少，受到的功效越小，主要表现为围岩变形小，破坏程度较轻。

2.2.2　岩石的流变

流变的概念来自古希腊哲学家Heraclitus认为的"万物皆流"。广义的岩石流变与时间效应相同，狭义的岩石流变一般指材料的力学属性，包括蠕变、松弛和弹性后效3种，其中，材料的蠕变机制是领域专家的研究重点。狭义的岩石蠕变是宏观上的一种现象，而微观分子世界不存在蠕变。岩石蠕变的本质是微观分子的重新排列组合。微观分子具有分子力，分子力包括引力和斥力两种，分子力的存在限制和约束着分子的运动轨迹。物体是否容易流动，关键在于外力是否能克服分子力，通常的外力可以理解为分子的重力。当固体分子间的引力不足以抵抗分子的外力（重力）时，材料就显现出了流动状态。与液体和气体相比，固体几乎没有流动性，但还是有的，只是速度慢而已；固体的流动性很差，几乎感觉不到，人们无法直观地理解。当外界条件的强作用（力、温度等）被加强时，固体的宏观流动性就会逐渐显现出来。岩石的流动性显现过程就是岩体的流变或蠕变。固体之所以不容易流动，主要原因有两个：①分子间的引力较大；②分子相互组合形成原子晶体，原子之间由化学键或金属键连接，这些作用力很大，不容易被克服。固体岩石的蠕变与分子的流动性有关，流动速度决定了流变速度；外界强作用越大（例如，应力越大），岩石的流变速度就越快。

巷道开挖后，围岩表面的分子受到了较强的非对称挤压应力，强作用增大，围岩的流动性就开始表现出来。围岩变形分为两部分：一个是岩石的弹性变形释放量，主要体现在上述的力传递时效方面；另一个就是岩石的蠕变量，主要体现在分子间的重新排列组合。岩石分子的流变会导致新一轮的力传递，随着岩石的流变发展，围岩的力传递形成了具有波动性、持续性和循环往复的变化特征。这就是岩石流变的时效性。

2.2.3 岩体的破裂演化

巷道开挖后，岩体中会萌生裂纹，每一个裂纹的新生、扩展、错动和闭合都会导致局部应力改变和调整。随着时间的推移，裂纹的数量会逐渐增多，裂纹的分布范围会由表及里逐渐扩大。这个过程就是围岩体的破裂演化。围岩的破裂演化在初始阶段对巷道的稳定没有太大影响，反而可能有利；因为初始阶段围岩要进行自适应的应力调整，岩体是非均匀的，有些位置的岩石性质阻碍了应力的调整，必须产生裂纹才能实现围岩应力最优化。允许适当的裂纹发生是最大限度利用围岩自稳能力必须要付出的代价。裂纹的产生毋庸置疑会导致围岩寿命的缩减。允许适当裂纹产生获取最大限度的围岩自稳、节约支护成本，与围岩的寿命缩减程度之间的矛盾需要工程设计人员去平衡，旨在确保巷道在服务周期内安全稳定。目前，数值模拟软件还无法模拟初始裂纹萌生的有益方面。裂纹大面积扩展贯通后，围岩的稳定性就会恶化，非常危险。

岩体的破裂演化，与力传递和流变结合，形成了新的波动、跳跃式时效性。每一批裂纹的生成和变化都会导致围岩产生新一轮的时效变化。因此，岩体的破裂演化对围岩的时效变化是非常重要的。

2.2.4 工程开挖扰动

采矿工程中，采掘工作面的开挖扰动较为频繁，这对巷道围岩稳定性的影响是巨大的。工程扰动加剧了围岩的恶化进程。扰动是一种动力现象，动载力比静载力更具破坏性。从微观分子分析，外力强作用下，岩石分子要进行重新排列组合，而动力的加载速度快，在重新排列组合的接力过程中，有些分子的运动速度跟不上就会脱节，从而发生破坏。这就是动力条件下，岩石更容易破坏的原因。

2.2.5 外部环境变化

除了上述4个因素外，围岩时效性的影响因素还包括岩石风化、水蚀作用以及地震等，这些统称为围岩的外部环境变化。围岩的外部环境变化对围岩的稳定性的影响也是非常明显的，这也表现出了非常重要的时效特征。由于篇幅有限，本文不再展开赘述。

综上所述，力的传递、岩石的流变、岩体的破裂演化、工程开挖扰动和外部环境变化都是围岩时效变化的原因。这些因素之间相互影响、共同作用导致了围岩时效性的持续进行。

2.3 时效围岩的衡量方法

围岩的时效如何衡量呢？近些年，人们研究宏观物体的时效，主要倾向于宏观实验和宏观经验，研究结果还不能较好地衡量时效性。与时间和空间一样，衡量时效需要找到一个相对固定的物理量作为标准。无论是时间的确定还是空间，都基于微观世界的活动规律，微观规律都非常确定、稳定、精准。因此，衡量围岩的时效也许从微观世界入手可以找到突破口。

固体内部的分子按照一定规律排列成整齐的空间点阵。由于绝对零度不可能达到，微观分子的无规则热运动就会永不停息，而固体分子的热运动主要表现为以空间点阵的节点为平衡位置做微小的振动。分子的这种内部运动，并不会破坏分子的固有特性，要想破坏分子的固有特性就需要外界的强作用。固体分子之所以稳定，是因为分子间相互形成了稳定的力学结构——分子在平衡位置时的结构。由于分子间同时存在引力和斥力，两种力的合力又叫作分子力。分子力的曲线如图2-3所示。其中，分子在r_0的位置就是分子结构的平衡位置，r_0的数量级为10^{-10}m。引力与分子间距的平方成反比，而斥力与间距的三次方成反比。

对于巷道围岩，力在传递过程中是动态的、波动的、不平衡的。巷道周围

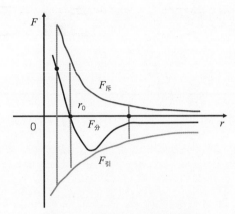

图2-3　微观分子力的作用机制

的岩体由岩石分子组成，如图2-4（a）所示。分子之间既有吸引力又有排斥力，压缩的岩石分子中的排斥力大于吸引力，被拉伸的岩石分子中的吸引力大于排斥力。当去除外力时，分子中的吸引力和排斥力逐渐趋于相等。巷道开挖后，如图2-4（b）所示，巷道表面第一排分子的外力被去除，分子从原来的平衡状态变为不平衡状态，这个变化过程称为激活。激活的岩石分子在原岩分子的排斥力作用下发生运动和位移。如图2-4（c）所示，产生位移的第一排的岩石分子为第二排岩石分子让出了位移和变形空间，第二排岩石分子被激活。然后，第三排岩石分子被激活，第二排分子与第一排分子一起发生位移，如图2-4（d）所示。再然后，第四排被激活，第三排、第二排和第三排与第一排和第二排一起移动，如图2-4（e）所示。如此，循环往复，岩体的分子位移增加，巷道变得越来越小。活化的分子和被置换的分子在不同时间共同形成巷道的围岩。围岩的时间效应主要反映在围岩的分子碰撞和运动过程中，也是围岩应力和能量释放的过程。对于力的传递过程，围岩与上述杆的传递不同。当外力卸荷时，杆可以在短时间内释放所有积累的变形能，而围岩则不能。围岩的形状是一个封闭的圆形，其分子受到许多方向的约束，这使得分子力的传递过程非常复杂。

　　在围岩中，对于不同位置的岩石分子，力的传递不是同时发生的。原因是

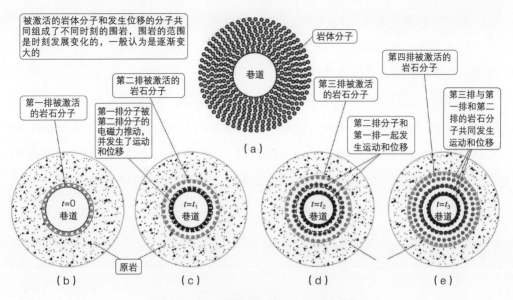

图2-4 圆形巷道时效围岩分子运动过程

稳定的平衡力不发生力传递。巷道开挖瞬间，围岩表面的分子力是不平衡的，而"围岩"内部的分子暂时是平衡的。第一排"围岩"分子运动后，为"围岩"内部的分子让出了位移空间，"围岩"内部的分子才由平衡转变为不平衡，才开始力传递和位移。这个过程中产生了时间差。产生时间差的另一个解释是不同位置的岩石分子运动的加速度是不同的，外面的分子对里面的分子有斥力，这种斥力降低了内部分子运动的加速度。那么，对于不同位置的岩石分子，力的传递是外面的分子运动完成后里面的分子才开始进行吗？答案是否定的。原因是只要第一排围岩分子发生运动、产生位移，哪怕只有一段很微小的距离，第二排分子就会变成不平衡力，就会进行力传递。所以围岩分子的力传递既不是同时发生的也不是逐个发生的，而应该介于两者之间。下面讨论两种特殊情况下的围岩变化时间的计算。

第一种情况：巷道开挖后所有的岩体分子同时进行力传递。

预应力杆的载荷释放过程，如图2-5（a）所示，这个过程与载荷施加过程相反。同样，在巷道开挖后，地球上的所有分子同时受到影响，所有分子同时进行力传递。假设，巷道附近的岩石分子的影响较大，而远离巷道的岩石分子的影响较小；无穷远处的分子影响趋向于零，但不是零。

巷道位于地球上，地球具有超大尺寸，其直径 D 约为 1.2×10^7 m。如果在地球的北极开挖一个巷道，并且将大理石的声速3810m/s作为地球物质的平均声速，则可以计算出在地球上任何地方传递力的时间。如图2–5（b）所示，当地球南极处的分子力通过经线（地球周长的1/2）到达巷道表面时的传递时间为：

$$
\begin{aligned}
t_{f1} &= S / \upsilon \\
&= \frac{1}{2}\pi D / \upsilon \\
&= \frac{1}{2}\pi \times 12000000\text{m} / (3810\text{m} / \text{s}) \\
&\approx 4947\text{s} \\
&\approx 1.37\text{h}
\end{aligned}
\tag{2--2}
$$

距离巷道100m的位置所需的传递时间为：

$$
\begin{aligned}
t_{f1} &= S / \upsilon \\
&= 100\text{m} / (3810\text{m} / \text{s}) \\
&\approx 0.0262\text{s}
\end{aligned}
\tag{2--3}
$$

第二种情况：巷道开挖后所有的岩体分子逐个进行力传递。

由于巷道围岩内部的岩石分子，受到了多个方向的限制和约束，距离远的分子约束程度高，距离近的分子约束程度低，故不同位置的分子显示出了不同的运动时间和运动速度。这意味着分子力传递不同时发生，即，在力传递过程中不同位置的岩石分子存在时间差。巷道开挖后，第一排分子有了移动空间，并率先开始运动到自然平衡状态，而后停止。假设，在此之前，第二排分子不进行运动和位移，直到第一排分子完全平衡稳定，然后循环往复逐排依次进行。那么，如图2–5所示，则任意位置的分子力传递到巷道的时间为：

$$t_{f2} = \frac{\Delta x}{\upsilon} + \frac{2\Delta x + \Delta y}{\upsilon} + \cdots + \frac{n\Delta x + (n-1)\Delta y}{\upsilon}$$

$$= \frac{1}{\upsilon} \left[(1 + 2 + \cdots + n)\Delta x + (1 + 2 + \cdots + (n-1))\Delta y \right]$$

$$= \frac{1}{\upsilon} \left[\frac{n + n^2}{2} \bullet \Delta x + \frac{n - 1 + (n-1)^2}{2} \bullet \Delta y \right]$$

$$= \frac{1}{\upsilon} \left[\frac{\frac{S + \Delta y}{\Delta x + \Delta y} + \left(\frac{S + \Delta y}{\Delta x + \Delta y} \right)^2}{2} \bullet \Delta x + \frac{\left(\frac{S + \Delta y}{\Delta x + \Delta y} \right)^2 - \frac{S + \Delta y}{\Delta x + \Delta y}}{2} \bullet \Delta y \right] \qquad (2\text{-}4)$$

$$= \frac{1}{2\upsilon} \left[\left(\frac{S + \Delta y}{\Delta x + dy} + \left(\frac{S + \Delta y}{\Delta x + \Delta y} \right)^2 \right) \Delta x + \left(\left(\frac{S + \Delta y}{\Delta x + \Delta y} \right)^2 - \frac{S + \Delta y}{\Delta x + \Delta y} \right) \Delta y \right]$$

式中：Δx 为相邻分子之间的距离之差；Δy 为分子直径；υ 为传递介质的声速；其中，$S = n\Delta x + (n-1)\Delta y$；通常，分子的直径和分子之间的间距约为 10^{-10}m；则，$0 \leqslant \Delta x \leqslant 10^{-10}$m，$\Delta y = 10^{-10}$m；令 $\Delta x = 0$ 或 $\Delta x = \Delta y = 10^{-10}$m，时间效应公式可以简化为：

$$\begin{cases} t_{f2} = \dfrac{1}{2\upsilon} \left[\dfrac{(S - \Delta y)^2}{\Delta y} - (S + \Delta y) \right] & (\Delta x = 0) \\[4mm] t_{f2} = \dfrac{1}{4\upsilon} \left(\dfrac{S^2}{\Delta y} + 2S + \Delta y \right) & (\Delta x = \Delta y) \end{cases} \qquad (2\text{-}5)$$

当 S 远大于 Δy 时，时间效应公式变换为：

$$\begin{cases} t_{f2} \approx \dfrac{S^2}{2\upsilon\Delta y} & (\Delta x = 0) \\[4mm] t_{f2} \approx \dfrac{S^2}{4\upsilon\Delta y} & (\Delta x = \Delta y) \end{cases} \qquad (2\text{-}6)$$

值得注意的是上述 Δx 不为零。而且，在真实是围岩变形过程中，不同位置分子间的Δx是不相同的。但是，这个误差不影响下面的结果的正确性。当$0 \leqslant \Delta x \leqslant 10^{-10}$m时，时间效应$t_f$应满足下面的条件：

$$\frac{S^2}{4\upsilon\Delta y} < t_f < \frac{S^2}{2\upsilon\Delta y} \qquad (2-7)$$

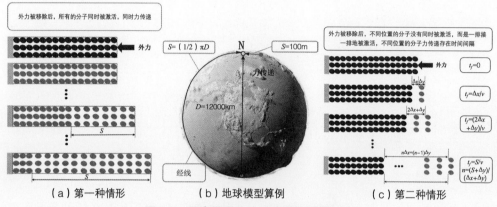

（a）第一种情形　　　（b）地球模型算例　　　（c）第二种情形

图2-5　围岩微观分子运动时效衡量方法

以$\Delta x=0$，$\Delta y=10^{-10}$m为例，当地球南极处的分子力通过经线（地球周长的一半）到达巷道表面时的传递时间为：

$$
\begin{aligned}
t_{f2} &= \frac{S^2}{2\Delta y\upsilon} = \frac{\left(\dfrac{1}{2}\pi\times 12000000\text{m}\right)^2}{2\times 10^{-10}\,\text{m}\times 3810\text{m/s}} \\
&\approx 4.66\times 10^{20}\text{s} \\
&\approx 1.295\times 10^{17}\text{h} \\
&\approx 1.478\times 10^{13}\text{a}
\end{aligned}
\qquad (2-8)
$$

距离巷道100m的位置所需的传递时间为：

$$
\begin{aligned}
t_{f2} &= \frac{S^2}{2\Delta y\upsilon} = \frac{5.0\times 10^9\times(100\text{m})^2}{3810\text{m/s}} \\
&\approx 1.312\times 10^{10}\text{s} \\
&\approx 3.646\times 10^6\text{h} \\
&\approx 4.162\times 10^2\text{a}
\end{aligned}
\qquad (2-9)
$$

上文已经讨论了，围岩分子的力传递既不是同时发生的，也不是逐个进行的，而是介于二者之间。则，围岩力传递的时间t_f应满足以下条件：

$$t_{f1} < t_f < t_{f2} \qquad (2\text{-}10)$$

根据数学泛函分析原理，构造满足不等式（2-10）的时间函数如下：

$$t_f = f(\psi)t_{f1} + (-f(\psi))t_{f2} \qquad [0 < f(\psi) < 1] \qquad (2\text{-}11)$$

式中：ψ为时效相关性因子，反映围岩时效性快慢的物理量；$f(\psi)$为与物理量$f(\psi)$相关的函数。选取特殊函数，$f(\psi)=\psi$，则$[0 < f(\psi) < 1]$；基于该函数，可获得变化参数ψ条件下的时间–距离变化规律。

图2-6展示了围岩分子力传递时间与距离的关系——任意位置的围岩分子将力传递到巷道表面所需花费的时间。其中，曲线A和B可以描述随着时间的推移，力传递距离极速增大，即围岩的影响范围极速增大，这两条曲线可以描述极端复杂环境下巷道围岩在极短时间内产生超大变形、很难自稳的现象；曲线C可以描述随着时间的推移，力传递距离快速增大，即围岩的影响范围快速增大，这条曲线可以描述高应力软岩长期流变、大变形、较难自稳的现象；曲线D可以描述随着时间的推移，力传递距离较慢增大，即围岩的影响范围缓慢增大，这条曲线可以

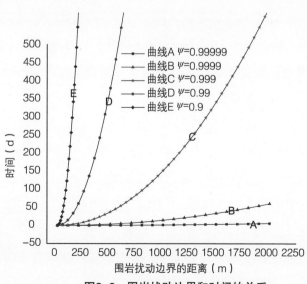

图2-6 围岩扰动边界和时间的关系

描述围岩需要长时间应力调整和变形能释放才能够自稳的现象；曲线E可以描述随着时间的推移，力传递距离缓慢增大，即围岩的影响范围较慢增大，这条曲线可以描述硬岩在短时间内能够快速自稳的现象。由曲线C可得，距离巷道100m处的力传递所需时间大约为1.5d，而在1000m处所需时间为151d；曲线D的力传递在1000m处的时间大约为1519d；曲线E的力传递在1000m处的时间大约为15189d。选取不同的ψ值，可以获得不同规律的围岩时效曲线，可以描述不同工况下的围岩变化特征。ψ值越大，围岩时效性越强，围岩越难控制。

2.4 时效围岩模型建立

巷道开挖后，围岩应力进行了重新分布；领域专家们常常提到，围岩的应力重分布范围为巷道半径R的3~5倍。事实上，围岩应力的重分布的范围是不断变化的。围岩应力从0到3~5R范围内的重分布过程处于时效围岩的前期，变化速度比较快；超过3~5R的范围后，变化速度就开始变得缓慢，以至于现场监测仪器无法测量到其变化。工程中，一般将重分布后的应力与原岩应力做差值，差值普遍大于原岩应力的5%的范围规定为围岩区，差值普遍小于原岩应力的5%的范围规定为原岩区。然而，5%的误差对力学理论计算的结果影响极大。所以，本文后面提到的时效围岩范围常常会远大于3~5R，原因就是缩小了5%的误差。时效围岩模型建立首先以顶板为例，应力重分布后的围岩顶板竖直高度用H表示，水平宽度用S表示。H高度的水平面和S宽度的竖直平面是围岩和原岩的交界面，交界面的岩石单元应力值为原岩应力σ_0，位移值为0，这两个参数将作为时效围岩模型的约束条件。为了建立时效围岩模型，首先，将巷道的顶板分为3个区域：区域A（在顶板正上方）、区域B（重分布的围岩应力影响范围内）和区域C（重分布的围岩应力范围外）。在这些区域中，区域A正下方的岩体用RA表示，区域B正下方的岩体用RB表示，区域C下方的岩体用RC表示，如图2-7所示。力学模型建立：橙色区域为模型顶板，左右两边受水平应力加载，上方固定限制竖直方向位移，下方由左右两边的RB支撑。其中，模型左右两边的加载力σ_0，由RC对绿色C区域岩体

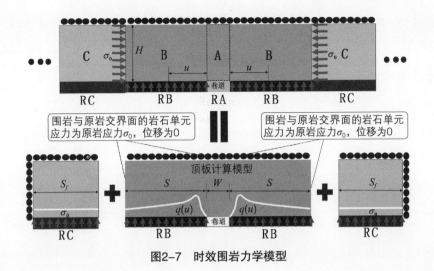

图2-7 时效围岩力学模型

的支撑力挤压变形转化而成。

假设，在开挖巷道之前，区域A的岩体的重量由RA（A下方的巷道内岩体）承载，区域B的岩体的重量由RB（B下方的岩体）承载，区域C的岩体的重量由RC（C下方的岩体）承载。这3个区域互不影响，并且彼此独立。巷道开挖后，区域A失去支撑，其大部分重量由RB承载，仅少部分由RC承载。如果可以忽略RC对区域A的承载，A的重量全部由RB承载。当巷道围岩为对称问题时，力学模型应满足下式：

$$\int_0^S q(u)\mathrm{d}u = \frac{\sigma_0\ (2S+W)}{2S} \qquad （2-12）$$

式中：$q(u)$表示左、右两边的RB对A和B的承载应力曲线；S表示RB区域的应力曲线在水平范围的长度，也是时效围岩的范围，与上述时效计算公式中的S含义相同；S_f分别表示RC区域的应力曲线在水平范围的长度；u表示左右两边岩体内部任意位置距离巷道表面的水平距离，$0 \leqslant u \leqslant S + S_f$；$W$表示巷道的宽度。

上面已经建立了完整的矩形巷道的顶板受力模型。将顶板模型上下翻转就变成了底板模型，差别在于重力和外载荷的方向是否相同；将顶板模型向左或向右翻转90°，就变成了帮部受力模型，如图2-8a、b所示。为了方便分析，顶底板用区域1表示，左右两帮用区域2表示，4个角落用区域3表示，如图2-8c所示。对于区域1和2，可以直接用上述力学模型求解，而区域3需要顶板模型和帮部模型进行耦合计算。

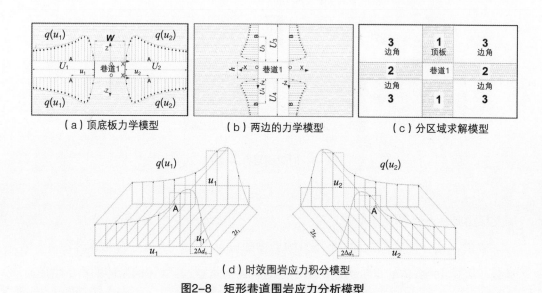

（a）顶底板力学模型　　　　（b）两边的力学模型　　　　（c）分区域求解模型

（d）时效围岩应力积分模型

图2-8　矩形巷道围岩应力分析模型

由于承载应力$q(u)$作用在顶板或底板的表面上，故模型中的参数c为零。另外，模型是三维的，应力曲线$q(u)$也是三维的，如图2-8d所示。如果不考虑重力，则顶板和底板的解析解是相同的，那么顶板或底板（区域1）的Z方向应力的解析公式如下[202]：

$$\sigma_z^f(x,y,z)=\int_0^{U_1}\left[\int_{-\Delta d1}^{\Delta d1}\int_{-t1}^{t1}\frac{3q_1(u_1)}{2\pi}\frac{z^3}{\left[(\Delta d_1+0.5w+u_1+x-\xi)^2+(y-\eta)^2+z^2\right]^{5/2}}d\eta\mathrm{d}\xi\right]du_1$$

$$+\int_0^{U_2}\left[\int_{-\Delta d2}^{\Delta d2}\int_{-t2}^{t2}\frac{3q_2(u_2)}{2\pi}\frac{z^3}{\left[(\Delta d_2+0.5w+u_2-x-\xi)^2+(y-\eta)^2+z^2\right]^{5/2}}d\eta\mathrm{d}\xi\right]du_2$$

（2-13）

式中：$\sigma_z^f(x, y, z)$为垂直于矩形巷道顶板或底板的表面的Z方向应力；Δd_j为矩形板边长的1/2；w为矩形巷道的宽度；u_1或u_2为从曲线$q(u_1)$或$q(u_2)$的任意点到附近帮表面的水平距离；其中，$U_1=U_2=U_3=U_4=S+S_{fo}$。同理，帮部（区域2）的X方向应力的方程式如下：

$$\sigma_x^f(x, y, z) = \int_0^{U_3}\left[\int_{-\Delta d3}^{\Delta d3}\int_{-\Delta t3}^{\Delta t3}\frac{3q_3(u_3)}{2\pi}\frac{z^3}{\left[(\Delta d_3 + 0.5h + z + u_3 - \xi)^2 + (y-\eta)^2 + x^2\right]^{5/2}}d\eta d\xi\right]du_3$$

$$+ \int_0^{U_4}\left[\int_{-\Delta d4}^{\Delta d4}\int_{-\Delta t4}^{\Delta t4}\frac{3q_4(u_4)}{2\pi}\frac{z^3}{\left[(\Delta d_4 + 0.5h + u_4 - z - \xi)^2 + (y-\eta)^2 + x^2\right]^{5/2}}d\eta d\xi\right]du_4$$

$$（2-14）$$

式中：$\sigma_x^f(x, y, z)$为垂直于矩形巷道帮面表面的X方向应力；$u_3(u_4)$为从曲线$q(u_3)$ $[q(u_4)]$的任意点到顶板（底板）表面的垂直距离。对于这4个角落（区域3），可以得到它们的径向应力，该径向应力是模型1和2中X和Z方向上的应力的矢量和，其方程式（区域3）如下：

$$\sigma_{cor}^f(x, y, z) = \sqrt{(\sigma_x^f(x, y, z))^2 + (\sigma_z^f(x, y, z))^2} \qquad （2-15）$$

式中：$\sigma_{cor}^f(x, y, z)$为区域3的径向应力，这是区域3中水平和垂直方向上的应力的矢量和。

上述的时效围岩力模型具体如何求解？早在1936年[186]，麦德林（Medellin）就集中力作用于半无限固体内部的情况给出了三维弹性方程的解析解。该集中力的力学模型，如图2-9a所示；对集中力进行积分就可以获得面力，如图2-9b所示。X、Y、Z方向的应力解析方程式为（2-16）。

$$\sigma_x^c = \frac{Fx}{8\pi(1-\mu)}\left[-\frac{(1-2\mu)}{R_1^3} + \frac{(1-2\mu)(5-4\mu)}{R_2^3} - \frac{3x^2}{R_1^5} - \frac{3(3-4\mu)x^2}{R_2^5}\right.\qquad （2-16）$$

$$\left.-\frac{4(1-\mu)(1-2\mu)}{R_2(R_2+z+c)^2}\left(3 - \frac{x^2(3R_2+z+c)}{R_2^2(R_2+z+c)}\right) + \frac{6c}{R_2^5}\left(3c - (3-2\mu)(z+c) + \frac{5x^2z}{R_2^2}\right)\right];$$

$$\sigma_y^c = \frac{Fx}{8\pi(1-\mu)}\left[\frac{(1-2\mu)}{R_1^3}+\frac{(1-2\mu)(3-4\mu)}{R_2^3}-\frac{3y^2}{R_1^5}-\frac{3(3-4\mu)y^2}{R_2^5}\right.$$

$$\left.-\frac{4(1-\mu)(1-2\mu)}{R_2(R_2+z+c)^2}\left(1-\frac{y^2(3R_2+z+c)}{R_2^2(R_2+z+c)}\right)+\frac{6c}{R_2^5}\left(c-(1-2\mu)(z+c)+\frac{5y^2z}{R_2^2}\right)\right];$$

$$\sigma_z^c = \frac{Fx}{8\pi(1-\mu)}\left[\frac{(1-2\mu)}{R_1^3}-\frac{(1-2\mu)}{R_2^3}-\frac{3(z-c)^2}{R_1^5}-\frac{3(3-4\mu)(z+c)^2}{R_2^5}+\frac{6c}{R_2^5}\left(c+(1-2\mu)(z+c)+\frac{5z(z+c)^2}{R_2^2}\right)\right];$$

$$\tau_{yz}^c = \frac{Fxy}{8\pi(1-\mu)}\left[-\frac{3(z-c)}{R_1^5}-\frac{3(3-4\mu)(z+c)}{R_2^5}+\frac{6c}{R_2^5}\left(1-2\mu+\frac{5z(z+c)}{R_2^2}\right)\right];$$

$$\tau_{zx}^c = \frac{F}{8\pi(1-\mu)}\left[-\frac{(1-2\mu)(z-c)}{R_1^3}+\frac{(1-2\mu)(z-c)}{R_2^3}-\frac{3x^2(z-c)}{R_1^5}-\frac{3(3-4\mu)x^2(z+c)}{R_2^5}\right.$$

$$\left.-\frac{6c}{R_2^5}\left(z(z+c)-(1-2\mu)x^2-\frac{5x^2z(z+c)}{R_2^2}\right)\right];$$

$$\tau_{xy}^c = \frac{F}{8\pi(1-\mu)}\left[-\frac{(1-2\mu)}{R_1^3}+\frac{(1-2\mu)}{R_2^3}-\frac{3x^2}{R_1^5}-\frac{3(3-4\mu)x^2}{R_2^5}\right.$$

$$\left.-\frac{4(1-\mu)(1-2\mu)}{R_2(R_2+z+c)^2}\left(1-\frac{x^2(3R_2+z+c)}{R_2^2(R_2+z+c)}\right)-\frac{6cz}{R_2^5}\left(1-\frac{5x^2}{R_2^2}\right)\right];$$

$$D_x^c = \frac{F}{16\pi G(1-\mu)}\left[\frac{(3-4\mu)}{R_1}+\frac{1}{R_2}+\frac{x^2}{R_1^3}+\frac{(3-4\mu)x^2}{R_2^3}+\frac{2cz}{R_2^3}\left(1-\frac{3x^2}{R_2^2}\right)+\frac{4(1-\mu)(1-2\mu)}{R_2+z+c}\left(1-\frac{x^2}{R_2(R_2+z+}\right.\right.$$

$$D_y^c = \frac{Fxy}{16\pi G(1-\mu)}\left[\frac{1}{R_1^3}+\frac{(3-4\mu)}{R_2^3}-\frac{6cz}{R_2^5}-\frac{4(1-\mu)(1-2\mu)}{R_2(R_2+z+c)^2}\right];$$

$$D_z^c = \frac{Fx}{16\pi G(1-\mu)}\left[\frac{z-c}{R_1^3}+\frac{(3-4\mu)(z-c)}{R_2^3}-\frac{6cz(z+c)}{R_2^5}+\frac{4(1-\mu)(1-2\mu)}{R_2(R_2+z+c)^2}\right];$$

$$R_1 = \sqrt{x^2+y^2+(z-c)^2} \quad , \quad R_2 = \sqrt{x^2+y^2+(z+c)^2}.$$

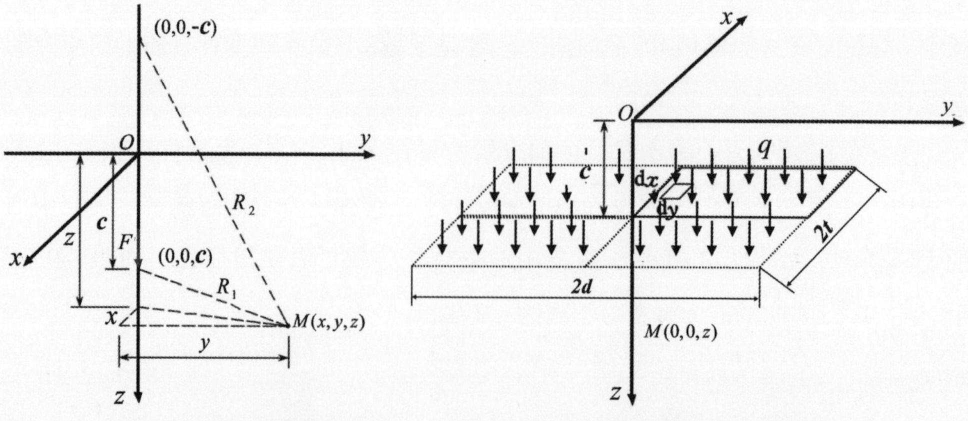

（a）集中力作用下的力学模型　　　　（b）面力作用下的力学模型

图2-9　垂直于半无限实体内部的力学模型

式中：F 为集中力；$\sigma_x^c(x,y,z)$、$\sigma_y^c(x,y,z)$、$\sigma_z^c(x,y,z)$ 分别表示集中力 F 作用下半无限体模型中任意位置的 X、Y、Z 方向的应力；$\tau_{zx}^c(x,y,z)$、$\tau_{xy}^c(x,y,z)$、$\tau_{yz}^c(x,y,z)$ 分别表示集中力 F 作用下半无限体模型中任意位置的 ZX、XY、YZ 平面的剪应力；$D_x^c(x,y,z)$、$D_y^c(x,y,z)$、$D_z^c(x,y,z)$ 分别表示集中力 F 作用下半无限体模型中任意位置的 X、Y、Z 方向的位移；μ 为半无限体的泊松比；c 为从集中力的位置到半无限实体模型的表面的距离。

对公式（2–16）中的集中力进行积分，可获得矩形面力作用下3个方向的正应力、剪应力和位移的解析方程：

$$\sigma_x^f = \int_{-d}^{d} \int_{-t}^{t} \sigma_x^c \mathrm{d}x\mathrm{d}y ;$$

$$\sigma_y^f = \int_{-d}^{d} \int_{-t}^{t} \sigma_y^c \mathrm{d}x\mathrm{d}y ;$$

$$\sigma_z^f = \int_{-d}^{d} \int_{-t}^{t} \sigma_z^c \mathrm{d}x\mathrm{d}y ;$$

$$\tau_{zx}^f = \int_{-d}^{d} \int_{-t}^{t} \tau_{zx}^c \mathrm{d}x\mathrm{d}y ;$$

$$\tau_{xy}^f = \int_{-d}^{d} \int_{-t}^{t} \tau_{xy}^c \mathrm{d}x\mathrm{d}y ; \qquad （2–17）$$

$$\tau_{yz}^f = \int_{-d}^{d} \int_{-t}^{t} \tau_{yz}^c \mathrm{d}x\mathrm{d}y ;$$

$$D_x^f = \int_{-d}^{d} \int_{-t}^{t} D_x^c \mathrm{d}x\mathrm{d}y ;$$

$$D_y^f = \int_{-d}^{d} \int_{-t}^{t} D_y^c \mathrm{d}x\mathrm{d}y ;$$

$$D_z^f = \int_{-d}^{d} \int_{-t}^{t} D_z^c \mathrm{d}x\mathrm{d}y .$$

式中：d 为面力作用的矩形盘长度的1/2；t 为面力作用的矩形盘宽度的1/2；q 为矩形盘上的均布压强载荷；$\sigma_x^f(x,y,z)$、$\sigma_y^f(x,y,z)$、$\sigma_z^f(x,y,z)$ 分别表示矩形面积上均布载荷 q 作用下半无限实体模型中任意位置的 X、Y、Z 方向的应力；$\tau_{zx}^f(x,y,z)$、$\tau_{xy}^f(x,y,z)$、$\tau_{yz}^f(x,y,z)$ 分别表示矩形面积上均布载荷 q 作用下半无限实体模型中任意位置的 ZX、XY、YZ 平面的剪应力。$D_x^f(x,y,z)$、$D_y^f(x,y,z)$、$D_z^f(x,y,z)$ 分别表示矩形面积上均布载荷 q 作用下半无限实体模型中任意位置的 X、Y、Z 方向的位移。

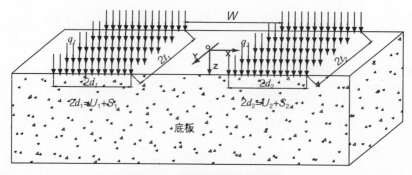

图2-10 简化的底板力学模型

当上述承载应力$q(u)$简化为均匀载荷q时，可以简化上述分析模型，并通过公式（2-17）直接求解；为了保证图2-6中所示的围岩与原岩交界面处的岩石单元位移为零，可以规定$S=U$；再令$d=S=U$，则模型可以简化为图2-10所示。因此，顶板或底板的Z方向应力的简化分析方程式如下：

$$\sigma_z^{hsf}(x,y,z) = \int_{-d1}^{d1} \int_{-t1}^{t1} \frac{3q}{2\pi} \frac{z^3}{\left[(x-\xi)^2 + (y-\eta)^2 + z^2\right]^{\frac{5}{2}}} \mathrm{d}\eta\mathrm{d}\xi \qquad （2-18a）$$

式中：$\sigma_z^{hsf}(x,y,z)$为在q作用下唯一的Z方向应力，在图2-9中。公式（2-18a）中的参数（d_1、d_2、t_1、t_2、U_1、U_2、S_1、S_2）下标，1代表模型左边的参数，2代表模型右边的参数。

王士杰、王洪涛和曾富宝等[187-194]分析探讨了麦德林（Mindlin）解，并给出了公式（2-17）的二重积分求解结果，代入时间函数，计算公式整理如下：

$$\sigma_z^{hsf}(x,y,z,t_f) = \frac{q(t_f)}{2\pi} \left\{ \arctan \frac{(x+d(t_f))(y+(t_f))}{z\sqrt{(x+d(t_f))^2 + (y+t(t_f))^2 + z^2}} \right.$$

$$- \arctan \frac{(x+d(t_f))(y+(t_f))}{z\sqrt{(x+d(t_f))^2 + (y-t(t_f))^2 + z^2}}$$

$$+ \arctan \frac{(x-d(t_f))(y-(t_f))}{z\sqrt{(x-d(t_f))^2 + (y-t(t_f))^2 + z^2}}$$

$$（2-18b）$$

$$- \arctan \frac{(x - d(t_f))(y + (t_f))}{z\sqrt{(x - d(t_f))^2 + (y + t(t_f))^2 + z^2}}$$

$$+ \frac{z(x + d(t_f))(y + (t_f))[(x + d(t_f))^2 + (y + (t_f))^2 + 2z^2]}{[(x + d(t_f))^2 + z^2][(y + t(t_f))^2 + z^2]\sqrt{(x + d(t_f))^2 + (y + t(t_f))^2 + z^2}}$$

$$- \frac{z(x + d(t_f))(y - (t_f))[(x + d(t_f))^2 + (y - (t_f))^2 + 2z^2]}{[(x + d(t_f))^2 + z^2][(y - t(t_f))^2 + z^2]\sqrt{(x + d(t_f))^2 + (y - t(t_f))^2 + z^2}} +$$

$$\frac{z(x - d(t_f))(y - (t_f))[(x - d(t_f))^2 + (y - (t_f))^2 + 2z^2]}{[(x - d(t_f))^2 + z^2][(y - t(t_f))^2 + z^2]\sqrt{(x - d(t_f))^2 + (y - t(t_f))^2 + z^2}}$$

$$- \frac{z(x - d(t_f))(y + (t_f))[(x - d(t_f))^2 + (y + (t_f))^2 + 2z^2]}{[(x - d(t_f))^2 + z^2][(y + t(t_f))^2 + z^2]\sqrt{(x - d(t_f))^2 + (y + t(t_f))^2 + z^2}} \Bigg\}$$

式中：$q(t_f)$ 为矩形盘上随时间变化的均布压强载荷；$\sigma(x,y,z,t_f)$ 为表示矩形面积上载荷 $q(t_f)$ 作用下半无限实体模型中任意位置的 X、Y、Z 方向的应力；$d(t_f)$ 为随时间 t_f 变化的长度 d；$t(t_f)$ 为随时间 t_f 变化的长度 t。基于公式（2-18b），顶板或底板的 Z 方向应力的解析方程式如下：

$$\sigma_z^{sf}(x, y, z) = \sigma_z^{hsf}\left(\frac{W}{2} + d_1 + x, y, z\right) + \sigma_z^{hsf}\left(\frac{W}{2} + d_2 - x, y, z\right) \quad （2-19）$$

式中：$\sigma_z^{sf}(x, y, z)$ 表示 $\sigma_z^{f}(x, y, z)$ 的简化，在公式（2-13）中。

在上述公式（2-18a、b）中，有4个关键参数：d、t、q 和 W。参数 q 和 W 可以确定分析模型的工况，参数 d 和 t 可以确定分析模型的应力分布状态和范围。值得注意的是，参数 d，t（U，S）是反映上述时效围岩范围的重要指标。随着时间的流逝，d 和 t 的范围逐渐增加，这对巷道支护既有优势也有劣势。优点是可以充分调动围岩的自承能力，可以节省支护成本；缺点是会产生较大的变形和较大的拉应力，从而损坏围岩并缩短巷道的使用时间。因此，合理地控制范围对于设计和优化支撑参数非常重要。最后，根据上述公式2-13、2-14和2-15，计算了矩形巷道的围岩应力云图，如图2-11所示。

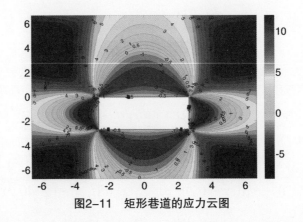

图2-11 矩形巷道的应力云图

2.5 时效围岩模型参数分析

基于等式（2-18），不同条件下的参数d和t对巷道重分布应力的影响被分析，结果如图2-12所示。当$d_1=d_2=5.4$m，$t_1=t_2=5.4$m，$w=5.4$m，$q=30$MPa，$y=0$时，垂直应力曲线从顶板的表面（$z=0$）到内部（$z=12$m）逐渐变得平缓。在$z=0$处，顶板表面的垂直应力为零。在$z=12$m的水平上，垂直应力的结果趋于稳定并接近5.5MPa，该结果与先前的围岩应力研究基本一致。当$d_1=d_2=5.4$m，$t_1=t_2=21.6$m，$w=5.4$m，$q=30$MPa和$y=0$（仅将参数t_1和t_2更改为原始值的4倍）时，结果显示出一些差异。差异主要体现在两个方面：一方面是最大拉伸应力（小于零的垂直应力）变大，最大压应力（大于零的应力）变小；另一方面是拉伸应力的范围从$z=0\sim4$m扩展到$z=0\sim6$m。该结果如图2-12a（1）和b（2）所示。此外，当$d_1=d_2=21.6$m，$t_1=t_2=5.4$m，$w=5.4$m，$q=30$MPa和$y=0$（仅将参数d_1和d_2更改为原始值的4倍）时，结果如图2-12c所示；d_1和d_2的变化与t_1和t_2的变化的趋势基本相同；区别是，与t_1和t_2的影响相比，d_1和d_2变化的影响相对较小。例如，图2-12c（1）中的最大拉应力小于图2-12b（1）中的最大拉应力。因此，t_1、t_2的变化比d_1、d_2的变化更具影响力。此外，当$d_1=d_2=21.6$m，$t_1=t_2=5.4$m，$w=5.4$m，$q=30$MPa，$y=0$（d_1、d_2、t_1和t_2同时变为4倍）时，结果发生了较大变化；最大压应力（$z=4$m）

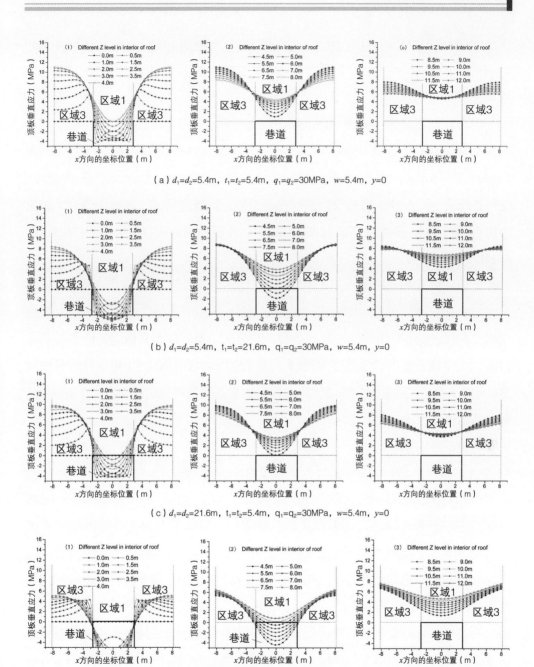

（a）$d_1=d_2=5.4m$，$t_1=t_2=5.4m$，$q_1=q_2=30MPa$，$w=5.4m$，$y=0$

（b）$d_1=d_2=5.4m$，$t_1=t_2=21.6m$，$q_1=q_2=30MPa$，$w=5.4m$，$y=0$

（c）$d_1=d_2=21.6m$，$t_1=t_2=5.4m$，$q_1=q_2=30MPa$，$w=5.4m$，$y=0$

（d）$d_1=d_2=21.6m$，$t_1=t_2=21.6m$，$q_1=q_2=30MPa$，$w=5.4m$，$y=0$

图2-12 顶板内部垂直应力曲线

从10MPa减小到5MPa，且最大拉应力急剧增加，如图2-12a和d所示。值得注意的是，顶板中出现拉应力的原因是岩体被挤压变形引起的，这与巴西劈盘试验的原理相同。

当参数d从1m变为36000000m时，令$d=t$，$w=5.4$m，$q=3$MPa，可获得顶板中的应力变化规律；结果表明，随着参数d的增加，拉应力的分布范围扩大（图2-13a~h）。当d增加到一定值（500m）时，即使d值增加到36000000m（与地球的周长相同），拉伸应力的分布范围也趋于稳定。有趣的是，顶板中的最大拉应力约为q值的1/3。例如，当$d=36000000$m时，顶板中的最大拉应力约为1MPa，而$q=3$MPa（图2-13h）。

上述分析是基于简化的公式（2-18），简化方法是将承载应力曲线$q(u)$看作是均布的q；然而，在真实的工程环境中，曲线$q(u)$是非均布，且其函数是时刻变化的。曲线$q(u)$的变化是过程是复杂的，与时间、原岩应力和围岩岩性等有关。目前，尚不能定量的确定其变化规律。为了比较均匀承载应力q和非均匀承载应力$q(u)$的结果之间的差异，通过使用有限元方法计算的数据来拟合出一个$q(u)$的函数，其函数如下：

$$q(u) = -6^{-5}u^6 + 0.0024u^5 - 0.0387u^4 + 0.326u^3 - 1.5191u^2 + 3.6146 + 0.1194 \quad （2-20）$$

令$q_1(u_1)=q(0.5w-u)$，$q_2(u_2)=q(0.5w+u)$，$U_1=U_2=11$m，$t_1=t_2=4$m，$w=5.4$m和$y=0$。基于公式（2-13），可以获得在非均匀$q(u)$作用下的应力分布结果。图2-14a、b显示了非均布的$q(u)$曲线和顶板中不同Z水平的垂直应力分布曲线。与图2-12中的均布荷载曲线相比，非均布荷载曲线具有两个明显的特征。一个特征是在$z=0.5$m处曲线上有两个峰；另一个特征是，$z=0.5~1.5$m处的曲线峰值明显更高。不过，两者的变化趋势总体是一致的，均布荷载条件下的计算结果能在一定程度上反映真实围岩的变化规律。总之，变化参数d（U、S）可以模拟不同时间t对围岩稳定性的影响；而随着时间的变化，不仅围岩要发生位移，而且帮和顶要发生协调变形，这导致了围岩应力要不断地重新调整变化。这也是应力承载函数$q(u)$时刻变化的本质原因。

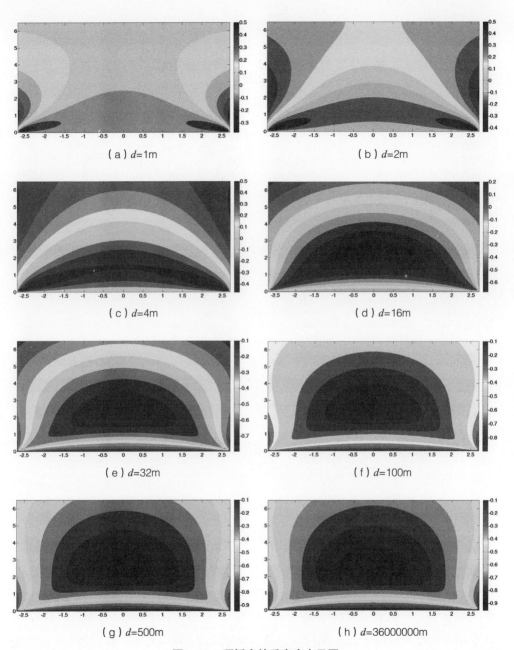

（a）d=1m

（b）d=2m

（c）d=4m

（d）d=16m

（e）d=32m

（f）d=100m

（g）d=500m

（h）d=36000000m

图2-13 顶板中的垂直应力云图

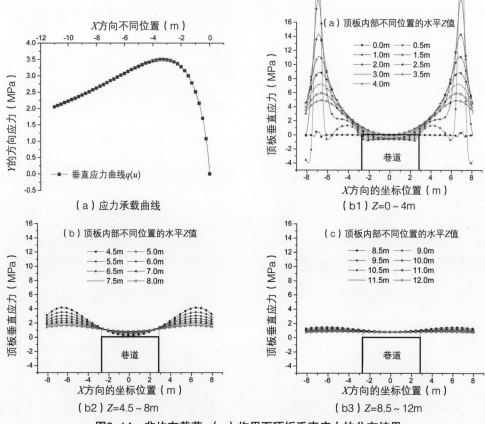

图2-14 非均布载荷 $q(u)$ 作用下顶板垂直应力的分布结果

2.6 时效围岩承载曲线的简化算法

对于非均布应力承载曲线非均匀 $q(u)$，武汉大学刘泉生教授团队研发了相应的监测设备，如图2-15所示，并在现场进行了应用，但是将监测数据应用到时效模型中还存在差距。除了期待监测技术的快速发展解决问题外，还有另一个方法可以揭示曲线 $q(u)$ 的变化规律，即数值模拟。通过不断变化数值模型的边界范围，可以获得不同边界条件下的 $q(u)$ 的变化规律。

除了上述方法外，本文给出了一种 $q(u)$ 的简化算法，计算模型是对称的，如

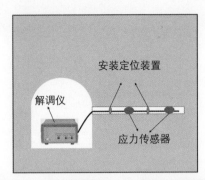

图2-15　非均布载荷q（u）曲线的现场监测

图2-16所示。简化模型将应力承载函数$q(u)$由函数$q_1(x_0)$、$q_2(x_0)$组成，均布函数σ_0作为补充函数。$q(u)$和均布函数σ_0共同组成了时效应力函数。依据帮部应力承载函数的曲线形状和规律，假设$q_1(x_0) = A_1 e^{B_1(x_0-s_0)} + \sigma_0$，$x_0 \in [0, S_0]$，$q_2(x_0) = A_2 x_0^2 + B_2 x_0 + C_2$，$x_0 \in [S_0, S]$。模形中的参数：$G$为原岩区应力界定系数（$0 < G \leqslant 0.05$，含义为围岩应力与原岩应力的差值小于5%的原岩应力定为围岩边界）；K为帮部应力集中系数；σ_0为原岩应力；W为巷道宽度；S为非均布曲线$q(u)$的水平范围，其中均布均布函数σ_0的范围也为S；S_0为函数$q_1(x_0)$水平范围。此外，函数中的A_1、B_1、A_2、B_2、C_2为待定参数。

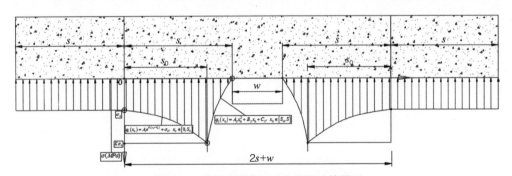

图2-16　非均布载荷$q(u)$曲线的计算模型

观察模型可知：

当$x_0 = 0$时，$q_1(x_0) = (1+G)\sigma_0$；$x_0 = S_0$时，$q_1(x_0) = K\sigma_0$。基于此，可以计算出参数

A_1、B_1。当$x_0=S_0$时，$q_1(x_0)=K\sigma_0$；$x_0=S$时，$q_1(x_0)=0$。结合公式（2-12），可以计算出参数A_2、B_2、C_2。结果如下：

$$\left\{ \begin{array}{l} A_1 = (K-1)\sigma_0 \\ B_1 = \dfrac{\ln\dfrac{K-1}{S_0}}{S_0} \\ \begin{vmatrix} \dfrac{1}{3}(S^3-S_0^3) & \dfrac{1}{2}(S^2-S_0^2) & S-S_0 \\ S_0^3 & S_0^2 & S_0 \\ S^3 & S^2 & S \end{vmatrix} \begin{vmatrix} A_2 \\ B_2 \\ C_2 \end{vmatrix} = \begin{vmatrix} (K-1)\sigma_0 S_0 \ln^{\frac{1-K}{G}} e^{\frac{1-K}{G}} + \sigma_0 S_0 \\ K\sigma_0 \\ 0 \end{vmatrix} \end{array} \right. \tag{2-21}$$

依据公式（2-13）和（2-19），可得非均布荷载条件下的时效围岩方程，结果如下：

$$\begin{aligned} \sigma_z^f(x,y,z,t_f) &= \sigma_z^{hs}(\frac{W}{2}+S+x,y,z) + \sigma_z^{hs}(\frac{W}{2}+S-x,y,z) \\ &+ \int_0^{S_0} \left[\int_{-\Delta d1}^{\Delta d1} \int_{-t1}^{t1} \frac{3(q_1(x_0)-\sigma_0)}{2\pi} \frac{z^3}{\left[(\Delta d_1+0.5w+x_0+x-\xi)^2 + (y-\eta)^2 + z^2 \right]^{5/2}} d\eta d\xi \right] du \\ &+ \int_{S_0}^{S} \left[\int_{-\Delta d1}^{\Delta d1} \int_{-t1}^{t1} \frac{3(q_2(x_0)-\sigma_0)}{2\pi} \frac{z^3}{\left[(\Delta d_1+0.5w+x_0+x-\xi)^2 + (y-\eta)^2 + z^2 \right]^{5/2}} d\eta d\xi \right] du \\ &+ \int_0^{S_0} \left[\int_{-\Delta d1}^{\Delta d1} \int_{-t1}^{t1} \frac{3(q_1(x_0)-\sigma_0)}{2\pi} \frac{z^3}{\left[(\Delta d_2+0.5w+x_0-x-\xi)^2 + (y-\eta)^2 + z^2 \right]^{5/2}} d\eta d\xi \right] du \\ &+ \int_{S_0}^{S} \left[\int_{-\Delta d1}^{\Delta d1} \int_{-t1}^{t1} \frac{3(q_2(x_0)-\sigma_0)}{2\pi} \frac{z^3}{\left[(\Delta d_2+0.5w+x_0-x-\xi)^2 + (y-\eta)^2 + z^2 \right]^{5/2}} d\eta d\xi \right] du \end{aligned} \tag{2-22}$$

最后，通过计算给出了时效围岩模型的三维效果图，如图2-17所示。

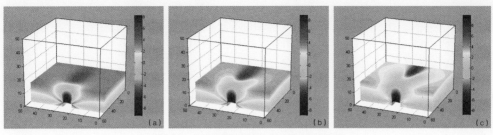

图2-17 巷道围岩的三维时效效果图

2.7 本章小结

本章节给出了时效围岩的相关概念，并建立了相应的时效计算模型。围岩时效的内涵主要包括5个方面：力的传递时效、岩体的流变、岩体的破裂演化、工程开挖扰动和外部环境变化。着重研究了巷道围岩变形和时间的关系，探索了巷道围岩扰动边界的时变规律，建立了巷道围岩扰动边界与时间的关系函数，推导了时效围岩应力和围岩的解析计算方程。研究结果如下：

（1）力的传递存在极限感知距离。力在传递过程中，会在介质内部向四面八方分散辐射，随着距离的增加，力的大小和做功能力逐渐衰减，直到观测者无法感知。力越大、传递介质的声速越快，则力的极限感知距离越长。

（2）力的传递过程是循环往复的。围岩中不同位置的应力会循环往复地向巷道周边传递力。时间越长，浅表岩体感受到的不同批次的循环力累积叠加频次越多，受到的功效越大，围岩变形越大；反之，时间越短，浅表岩体受到的功效越小，围岩变形越小。不同的围岩具有不同的力传递频次，硬岩的传递频次低，软岩的传递频次高。

（3）力的传递时效与围岩的岩性有关。硬岩的密度大、声速快、传递频次低，故硬岩巷道的力传递时效较快，短时间内就能完成初始稳定；而软岩的密度小、声速慢、传递频次高，故软岩巷道的力传递时效较慢，短时间内不能完成初始稳定，且会形成恶性循环。

（4）围岩的扰动边界是随时间变化的。研究揭示了巷道围岩扰动边界的距离与时间的二次方成正比。结果表明，稳定的围岩扰动边界从0变化到3～5倍巷道半径的岩体范围，速度很快；而3～5倍半径以外的岩体变化速度开始变得缓慢，但随时间的推移会持续变化。

（5）不同的扰动边界影响了围岩的应力和变形。扰动边界从0变化到100m的过程中，围岩的应力变化明显；扰动边界突破100m后，浅部6m范围内的围岩应力变化开始缓慢；突破500m后，浅部6m范围内的围岩应力几乎没有变化；围岩的变形随着扰动边界的变化持续变化，即使突破500m后，深部围岩分子仍在持续释放应变能，持续推动浅表围岩发生整体位移，使得围岩的表面变形持续变大。区别是围岩的表面变形主要来源于深部围岩的应变能释放，而不是浅表。

3 预应力锚杆时效围岩支护机制

一般而言，随着时间的发展，围岩的范围和变形量是持续增加的，这将与预应力锚杆的变形进行协调耦合，形成锚杆的时间效应。本章节着重探讨预应力锚杆的时效支护。预应力锚杆的时效支护与锚杆本身的时效性有关，主要包括锚杆轴力变化的时效性、锚固界面弱化及脱黏失效的时效性、托盘表面应力变化及变形的时效性三方面。预应力锚杆时效支护就是这3个方面与时效围岩耦合的过程。

3.1 预应力锚杆支护与时效围岩的联系

3.1.1 时效支护内涵

时效围岩支护，简称时效支护，指考虑时间效应的围岩支护；又指综合考虑围岩的特征（环境）、时效演化规律和客观生产条件，决策恰当的支护时机并匹配相应的支护方案，保证围岩在生命周期内安全稳定。时效围岩是四维的，而时效支护是五维的，包含了支护变量。时效支护需要全面考虑和评估巷道施工和使用过程中各个时刻的风险，以及风险发生的概率和可能造成的损失。而预应力锚杆时效支护，是指以预应力锚杆为支护方式的时效支护。

预应力锚杆的支护时机是一个科学问题。早些年，受到锚杆强度和支护成本的限制，浅部围岩支护选择巷道变形一小段时间后再进行加强支护；原因是围岩变形可以释放掉部分积聚能，并充分调动了围岩的自承能力，减轻了锚杆的负担；否则，过早的让锚杆参与承载，可能使得锚杆的强度不足以应对围岩的积聚能释放而发生破断失效。随着围岩逐渐转移到深部，围岩的剩余自承载力被消耗殆尽，延迟支护已不合理。同时，锚杆（索）材料也不断发展，强度大大提高，新锚杆结构不断出现，锚杆材料强度的限制程度也已降低，进而，及早支护的理念被提出和发展。深部巷道的围岩不仅要及早支护，而且要高预应力及早支护。支护的本质是力学平衡。巷道开挖后，围岩表面由三向应力变为二向应力，受力环境恶劣。尽早实现锚杆的高预应力支护，就能改善围岩表面的应力环境，避免时效围岩持续性、波动式、无休止地恶性发展。围岩的持续变形恶化是力学严重不平衡导致的，不平衡力是改变围岩分子运动状态的原因，围岩的稳定需要平衡力。预应力锚杆支护是目前提供平衡力最直接、最有效的方式之一。在锚固强度、锚杆破断力和自由段长度都满足要求的前提下，预应力支护强度越接近原岩应力越好。

煤矿巷道在掘支平衡过程中的时效性分为变形、破坏和结构稳定性3个方面。巷道的开挖和支护是一个非线性过程。非线性过程表示开挖和支护的顺序不能变换，否则会导致围岩产生不同的时效规律。不同的开挖强度、开挖速度、开挖方式、开挖工艺、支护时机、支护参数，导致了不同的围岩变化规律和不同的围岩损伤程度。例如，巷道开挖后，选用较小的预应力及时支护和选用较大的预应力滞后支护，会导致不同的围岩变形和破坏演化规律。工序调整后，不同因素产生的结果不能线性叠加。不同的开挖方式（爆破、综掘等）、不同的开挖的强度（每分钟开挖$0.5m^3$、$1m^3$或$2m^3$）、不同的开挖的进度（掘进进尺1m、2m或3m）以及不同的支护方式都会引起不同的围岩时效性。不同的开挖和不同的支护在时间和空间上的布置和组合，将会导致不同的变形、破坏和结构稳定性三方面的时效规律。任何一个因素变化带来的围岩变形、破坏，导致最终形成的围岩稳定性是不一样的。

煤矿巷道时效支护分为3个部分：支护初期、支护过程和支护结尾。支护初期的内容包括支护时机的选取、支护方案的设计和施工工艺的确定。支护初期需要在时间上利用开挖巷道空顶的自稳性。自稳性较好，可以滞后支护；自稳性较差，需要及时支护。而空顶的自稳性不仅与自身的强度有关，还与开挖方式、开挖强度、开挖进度等相关。空顶的距离又反过来影响了开挖方式、开挖强度、开挖进度。支护过程的内容包括围岩与支护的实时安全监测（位移、变形速度、裂纹新生与扩展、锚杆轴力等），异常情况管理、返修和维护。支护过程需要考虑的是围岩蠕变、围岩扰动等因素影响下的结构稳定性，这个过程具有长期性。支护收尾的内容包括工作面回采临近时的加强支护，确保采面推进时的顶板依然安全，确保人员、材料和设备安全推进。

时效支护模型通过仿真预测支护结尾时的顶板安全状态，来检验支护方案是否合理。对于时效模型来说，如果支护结尾安全，那么支护过程就安全，支护方案就能满足要求。然而，工程围岩是复杂多变的，很难精准的预测到支护结尾的安全状态，只能从统计学的角度判断一个事件是否会大概率发生。为了确保安全万无一失，就需要实时监测技术作为补充。

3.1.2　对称性时效支护原理

万事万物的变化与发展，根本原因是事物的非对称性。换言之，事物的对称性或缺导致了结果的多样性。多样性来自非对称。例如，为什么会存在质量？希格斯理论告诉我们，这是因为自发对称性或缺。粒子在与希格斯粒子作用的过程中，规范对称性丢失，于是就有了质量，并且各种相互作用越强的力对称性越高。宇宙大爆炸之初，所有的力都融合的时候，对称性是最高的。越对称其实多样性越少。例如几何图形，最对称的图形是圆形，不管怎么转动，都不变，非常稳定；但是越不对称的图形就越丰富，对不规则图形来说，每旋转一个微小的角度，都是一种可能，旋转360°，就有亿万（无数）种变化。那么，什么是对称呢？即，外界对它做一个操作，它不变，就叫在这种操作下具有对称性。

对称性不仅仅是形状的对称，而且还有力的对称和材料属性的对称等。由于围岩表面的应力和围岩内部的应力不相同，故围岩产生了应力不对称。在非对称条件下，无数微观分子的不平衡态会随时间持续累积量变，最后发生质变并显现出宏观上新的不平衡，如此往复，直到围岩体变形挤满巷道空间形成新的对称才终止。与此同时，巷道围岩也不复存在。只要巷道空间存在，围岩的对称性或缺就存在，时效围岩就会持续变化。绝对的对称性是不存在的，不然世界就停止不动了，事物的非对称性是事物发展变化的必要条件。相对的对称性是存在的，相对的对称能够延缓事物的变化速度。

非对称性的存在是巷道围岩持续变化的原因，围岩的时效变化需要时间和空间，时间和空间组成了时空坐标系。对于同一个围岩，无论如何变换和旋转时空坐标系，都不影响围岩的发展规律和结果。影响围岩变化规律和结果的唯一因素就是对称性的或缺与否。一个具有完全对称性的围岩，无论时间和空间如何变化，围岩都不会变化，即，围岩的时效性就会消失。然而，绝对对称的围岩是不存在的，时效围岩是客观存在的。时间和空间各自都不重要，只有二者的组合才重要。只有时间的改变，没有空间的存在，结果不会改变，例如，开挖之前的原岩体很稳定，和时间基本没有关系；只有空间的变化，没有时间的流逝，结果也不会改变，例如，巷道开挖后，围岩体永远定格在了这一瞬间，无论巷道空间开挖多大都是如此。

时效围岩支护需要解决的问题就是对称性或缺，旨在改善围岩应力的对称性。围岩的对称性越好，围岩的时效性就越弱，围岩就越稳定。因此，时效围岩的支护思路是尽可能地减弱围岩的不对称性。围岩应力的对称性分为两部分：①围岩与原岩之间的力学对称；②围岩表面与支护构件之间的力学对称。相对对称的围岩体放大尺度后，可能就会变得不对称。例如，围岩一侧存在采区、溶洞、河流等。相对对称的围岩体缩小尺度后，也可能会变得不对称。例如，围岩裂隙、岩性等非均匀分布。围岩的对称性有大小、有梯度，大对称对应大稳定，小对称对应小稳定。矿井采掘过程中的对称性是变化的，围岩支护结构能否适应这种对称性变化就决定了巷道是否安全。巷道的支护设计首先要考虑大环境的对称性，优化开采工艺和巷道布局就是为了解决大环境对称。大环境对称后，其次考虑围岩内部的应力和围岩表面应力差异的不对称问题。如果预应力锚杆等支护构件不能满足围岩支护的对称性时，有3个解决思路：一是回到大环境进行优化巷道围岩的时空关系（卸压）；二是改性围岩提高自承载能力；三是大幅提高支护构件的性能。

3.1.3 预应力锚杆与时效围岩的相互作用关系

时效围岩模型可以计算出围岩的应力和位移，预应力锚杆作用于围岩也会产生自己的应力和位移。根据叠加原理，二者结果叠加就能够实现预应力锚杆支护与时效围岩的耦合。耦合过程中需要解决的问题是，锚杆的时效性与围岩的时效性如何匹配。一般认为，预应力锚杆的作用力与围岩应力相比只占大约1%（锚杆支护：0.1~0.3MPa强度；围岩承载：10~30MPa原岩应力），故耦合过程中应以围岩承载作用为主。第一，时效围岩在变化过程中产生了位移和变形，被安装的锚杆在适应围岩变形过程中，轴力发生了变化；第二，锚杆托盘和锚固界面的受力也发生了相应的变化。预应力锚杆与时效围岩通过变形协调联系在了一起。

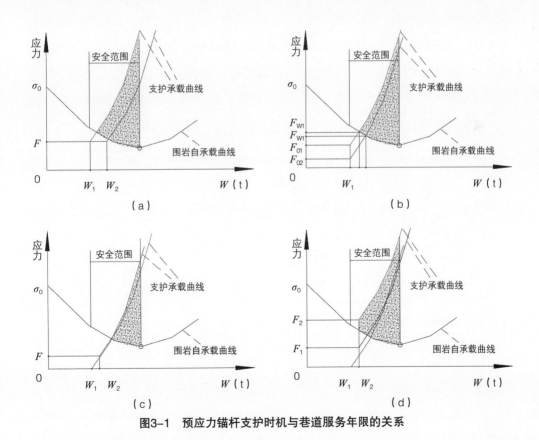

图3-1 预应力锚杆支护时机与巷道服务年限的关系

　　预应力锚杆和时效围岩的相互作用关系比较复杂，一般预应力锚杆支护分为两种情况：一是平衡围岩中松动岩体的重量；二是平衡围岩中的非对称应力。在采矿工程中常说的高预应力支护中，预应力值至少应大于松动岩体的重量。事实上，在支护完好的围岩中，相比于100kN级别的预应力，松动岩体的重量一般是很小的。当松动岩体的重量变得较大时，围岩顶板就会变得极难维护。

　　围岩稳定与预应力锚杆支护协调关系的理论模型，如图3-1所示，模型包括4个方面：相同预应力–不同支护时机、不同预应力–相同支护时机、不同预应力–不同支护时机、相同服务周期–不同预应力–不同支护时机；预应力支护协调曲线下方的阴影面积大小反映了支护巷道服务周期的长短。图3-1（a）表达了"相同的预应力，支护时机越晚，围岩变形速度越快，巷道安全服务年限越短"的观点。图3-1（b）表达了"相同的支护时机，预应力越大，围岩变形速度越慢，巷道安全服务年限越长"的观点。图3-1（c）表达了"相同条件下，控制相同围岩变形量，支护时机选择越晚，服务年限越短，锚杆所需要的初始预应力越大"的观点。图3-1（d）表达了"相同的巷道设计服务年限，锚杆预应力越小，则支护应越及时；预紧力越大，则支护可滞后"和"相同的支护时机，锚杆预应力越大，可牺牲富裕服务年限，来适当放宽锚杆间排距"的两个观点。

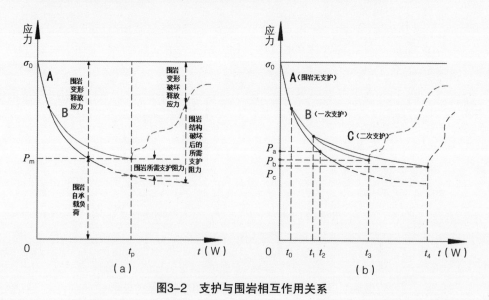

图3-2　支护与围岩相互作用关系

预应力锚杆支护是围岩自承载的辅助手段，其功能在于辅助围岩薄弱位置实现力学平衡和力学对称。护表就是预应力锚杆支护的一项重要内容，护表的好坏决定了围岩弱化速度的快慢。时效围岩模型提供了围岩变形和时间之间的关系，而对于支护来说，不同时刻所需要的支护阻力与变形之间的关系才是更重要的。这种关系是复杂的，很难被捕捉。本节基于前人的研究成果，总结出了支护与围岩相互关系的概念模型，如图3-2所示。模型显示，当巷道开挖后，围岩开始时效变形，存在两条曲线，一条曲线为围岩自承载时间曲线A，另一条曲线为围岩与支护相互作用时间曲线B，如图3-2（a）所示。曲线的纵坐标代表围岩应力，横坐标代表围岩表面的变形量，变形量与时间相关。模型认为，巷道开挖之初，围岩没有变形，且围岩应力为原岩应力σ_0；随着时间的推移，围岩中的应力逐渐降低，围岩的变形量逐渐增大。曲线A的纵坐标值代表围岩自承载负荷，其与原岩应力σ_0的差值代表无支护条件下围岩变形后释放的应力；横坐标代表无支护时效围岩的变化时间。曲线B的纵坐标代表围岩与支护共同作用的承载能力，本质为图3-1中围岩自承载曲线和支护承载曲线的耦合结果，其与原岩应力σ_0的差值代表支护条件下围岩变形后释放的应力。横坐标代表支护时效围岩的变化时间。曲线B和曲线A的差值代表围岩体安全所需的最低支护阻力。当围岩体的强度低于自承载负荷能力所需强度时，围岩将发生破坏。破坏后，围岩中的松动荷载增加，支护变得极为困难。

预应力锚杆支护参与承载可以将围岩自承载曲线A变化为支护曲线B。不同的支护时机和支护设计对应了不同的支护曲线B，如图3-2（b）所示。图中，曲线B为一次支护曲线，曲线C为二次支护曲线；t_0表示支护的初始时间；t_1表示补强支护的初始时间；t_2表示无支护围岩的失稳时间（围岩强度不能满足围岩自稳承载力的时刻）；t_3表示一次支护条件下曲线B的围岩失稳时间；t_4表示二次支护条件下曲线C的围岩失稳时间。与曲线A相比，支护后的曲线B变化较为平缓稳定，这是支护起到作用的表现。当一次支护曲线B仍然不能满足服务周期要求时，需要进行二次补强支护，补强后的支护曲线将由B变化为C。预应力锚杆参与支护后，延长了围岩稳定的生命周期。模型中，一次支护将无支护围岩的生命周期从t_2延长到了

t_3，二次支护将一次支护围岩的生命周期从t_3延长到了t_4。预应力锚杆支护使得围岩中的应力更均匀，改善了薄弱位置的应力环境，提高了围岩的整体承载能力。预应力锚杆参与承载不仅分担了围岩的承载负担，而且使得围岩应力进一步安全释放。模型中，与无支护相比，一次支护后围岩应力释放量从P_a增加为P_b，二次支护后围岩应力释放量从P_a增加为P_c。这意味着支护参与承载后，能够充分调动和发挥围岩的自承载能力。基于这些原理，可以抽象出时效支护的数学模型。时效围岩模型中，提到不同岩性的围岩时效规律不尽相同，而预应力锚杆强化了支护范围内的围岩体强度，相当于间接改变了围岩岩性，改变了时效相关性因子ψ，故影响和改变了围岩的时效变化规律曲线。这就将预应力锚杆支护与时效围岩联系在了一起，两者的结合即为时效围岩支护的内涵。

3.2 预应力锚杆的计算模型和关键指标

3.2.1 预应力锚杆的计算模型

锚杆力学模型由两部分组成：黏结部分和托盘部分，如图3-3所示。模型中设置了三维坐标轴，原点放置在托盘的中心。依据剪滞理论模型，如图3-4所示，以及许宏发和肖敏等[194-208]的研究成果，整理简化了锚固体弹性阶段的轴向剪切应力公式，结果如下：

$$\tau(c) = \frac{p_0 a}{2\pi r_b}(e^{ac-az_0} - e^{ac_0-ac+2aL})(1-e^{2aL})^{-1} \tag{3-1}$$

其中，

$$a = \sqrt{\frac{E_m E_g}{\left[E_m(1+\mu_g)\ln(r_g/r_b) + E_g(1+\mu m)\ln(20E_b rb/((E_b E_m)r_g))\right]r_b E_b}} \tag{3-2}$$

式中：P_0为锚杆的预应力；Z_0为锚杆自由段的长度；c为锚杆锚固段内任意位置到围岩表面深度的距离（与第2章节含义相同）；L为锚杆锚固段的长度；E_m为围岩体的弹性模量；E_g为锚固剂的弹性模量；E_b为锚杆的弹性模量；μ_m为围岩体

的泊松比；μ_g为锚固剂的泊松比；μ_b为锚杆的泊松比；r_g为锚固剂的半径（锚杆钻孔的半径）；r_b为锚杆的半径。

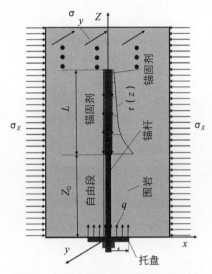

图3-3 锚杆与围岩的相互作用模型

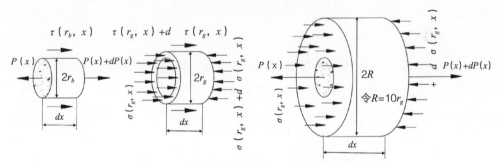

图3-4 锚杆与围岩的相互作用的剪滞模型[133]

基于公式（3-1），锚固体弹性阶段的轴力公式：

$$p(c) = 2\pi r_b \tau(c) \qquad （3-3）$$

依据王洪涛、韦四江、曾富强和许宏发等[194-196]的研究成果，归类整合形成了预应力锚杆的计算公式，结果如下：

$$\sigma_z^A(x,y,z) = \int_{z_0}^{z_0+L} \sigma_z^c(p(c),x,y,z,c)\mathrm{d}c + \int_{-d}^{d}\int_{-d}^{d} \sigma_z^c(p(0),x,y,z,0)\mathrm{d}x\mathrm{d}y$$

$$= \frac{p_0}{8\pi d^2 - 2\pi^2 r_b^2}\left\{ \arctan\frac{(x+d)(y+d)}{z\sqrt{(x+d)^2+(y-d)^2+z^2}} \right.$$

$$-\arctan\frac{(x+d)(y-d)}{z\sqrt{(x+d)^2+(y-d)^2+z^2}}+$$

$$\arctan\frac{(x-d)(y-d)}{z\sqrt{(x-d)^2+(y-d)^2+z^2}} - \arctan\frac{(x-d)(y=d)}{z\sqrt{(x-d)^2+(y=d)^2+z^2}}+$$

$$\frac{z(x+d)(y+d)\left[(x+d)^2+(y+d)^2-2z^2\right]}{\left[(x+d)^2+z^2\right]\left[(y+d)^2+z^2\right]\sqrt{(x+d)^2+(y+d)^2+z^2}}$$

$$-\frac{z(x+d)(y-d)\left[(x+d)^2+(y-d)^2+2z^2\right]}{\left[(x+d)^2+z^2\right]\left[(y-d)^2+z^2\right]\sqrt{(x+d)^2+(y-d)^2+z^2}}+$$

$$\frac{z(x-d)(y-d)\left[(x-d)^2+(y-d)^2+2z^2\right]}{\left[(x-d)^2+z^2\right]\left[(y-d)^2+z^2\right]\sqrt{(x-d)^2+(y-d)^2+z^2}}$$

$$\left.-\frac{z(x-d)(y+d)\left[(x-d)^2+(y+d)^2+2z^2\right]}{\left[(x-d)^2+z^2\right]\left[(y+d)^2+z^2\right]\sqrt{(x-d)^2+(y+d)^2+z^2}}\right\}+$$

$$\frac{p_0 a}{8\pi(1-\mu_s)}\left\{ \int_{z_0}^{z_0+L}\frac{(1-2\mu)(\omega-z)(\mathrm{e}^{ac-az_0}+\mathrm{e}^{az_0-ac+2aL})}{(1-\mathrm{e}^{2aL})\left[x^2+y^2+(z-\omega)^2\right]^{\frac{5}{2}}}\mathrm{d}c \right.$$

$$+\int_{z_0}^{z_0+L}\frac{(1-2\mu)(z-\omega)(\mathrm{e}^{ac-az_0}+\mathrm{e}^{az_0-ac+2aL})}{(1-\mathrm{e}^{2aL})\left[x^2+y^2+(z+\omega)^2\right]^{\frac{5}{2}}}\mathrm{d}c-$$

$$\int_{z_0}^{z_0+L}\frac{3(z-\omega)^3(\mathrm{e}^{ac-az_0}+\mathrm{e}^{az_0-ac+2aL})}{(1-\mathrm{e}^{2aL})\left[x^2+y^2+(z-\omega)^2\right]^{\frac{5}{2}}}\mathrm{d}c$$

$$-\int_{z_0}^{z_0+L}\frac{3(3-4\mu)z(z+\omega)(\mathrm{e}^{ac-az_0}+\mathrm{e}^{az_0-ac+2aL})}{(1-\mathrm{e}^{2aL})\left[x^2+y^2+(z+\omega)^2\right]^{\frac{7}{2}}}\mathrm{d}c+$$

$$\left.\int_{z_0}^{z_0+L}\frac{3\omega(z+c)(5z-c)\,\mathrm{e}^{ac-az_0}+\mathrm{e}^{az_0-ac+2aL})}{(1-\mathrm{e}^{2aL})\left[x^2+y^2+(z+\omega)^2\right]^{\frac{3}{2}}}\mathrm{d}c - \int_{z_0}^{z_0+L}\frac{30zc(z+c)^3\,(\mathrm{e}^{ac-az_0}+\mathrm{e}^{az_0-ac+2aL})}{(1-\mathrm{e}^{2aL})\left[x^2+y^2+(z+\omega)^2\right]^{\frac{3}{2}}}\mathrm{d}c\right\}$$

$$(3\text{-}4)$$

式中：$\sigma_z^A(x,y,z)$ 为锚杆作用下围岩中任意位置Z方向的应力［其中，$P=P(c)$］；z 为锚杆与围岩的相互作用模型中任意位置Z方向的坐标。

在巷道围岩的三维空间中，基于公式（3-4），可得多个锚杆作用下的垂直面和水平面的应力矩阵如下：

$$M_{an}^H\left(x,y,z,A_t,\ B_w\right)=\begin{bmatrix} \sigma_z^A\left(x_1-A_t,y_1,z_1,B_w\right) & \sigma_z^A\left(x_2-A_t,y_1,z_1,B_w\right) & \cdots & \sigma_z^A\left(x_n-A_t,y_1,z_1,B_w\right) \\ \sigma_z^A\left(x_1-A_t,y_2,z_1,B_w\right) & \sigma_z^A\left(x_2-A_t,y_2,z_1,B_w\right) & \cdots & \sigma_z^A\left(x_n-A_t,y_2,z_1,B_w\right) \\ \vdots & \vdots & \ddots & \vdots \\ \sigma_z^A\left(x_1-A_t,y_m,z_1,B_w\right) & \sigma_z^A\left(x_2-A_t,y_m,z_1,B_w\right) & \cdots & \sigma_z^A\left(x_n-A_t,y_m,z_1,B_w\right) \end{bmatrix}$$

（3-5）

$$M_{an}^V\left(x,y,z,A_t,B_w\right)=\begin{bmatrix} \sigma_z^A\left(x_1,y_1-B_w,z_1,A_t\right) & \sigma_z^A\left(x_2,y_1-B_w,z_1,A_t\right) & \cdots & \sigma_z^A\left(x_n,y_1-B_w,z_1,A_t\right) \\ \sigma_z^A\left(x_1,y_1-B_w,z_2,A_t\right) & \sigma_z^A\left(x_2,y_1-B_w,z_2,A_t\right) & \cdots & \sigma_z^A\left(x_n,y_1-B_w,z_2,A_t\right) \\ \vdots & \vdots & \ddots & \vdots \\ \sigma_z^A\left(x_1,y_1-B_w,z_l,A_t\right) & \sigma_z^A\left(x_2,y_1-B_w,z_l,A_t\right) & \cdots & \sigma_z^A\left(x_n,y_1-B_w,z_l,A_t\right) \end{bmatrix}$$

（3-6）

式中：$M_{an}^H(x,y,z,A_t)$ 为空间中第 t 行锚杆作用下 X-O-Y 平面的应力矩阵；$M_{an}^V(x,y,z,B_w)$ 为空间中第 w 列锚杆作用下 X-O-Z 平面的应力矩阵；A_t 为三维空间中第 t 行锚杆到 Y-O-Z 平面的垂直距离；B_W 为三维空间中第 w 列锚杆到 X-O-Z 平面的垂直距离，如图3-5所示。

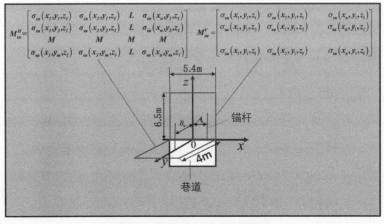

图3-5　批量锚杆矩阵计算模型

基于公式（2-19），围岩应力作用下的垂直面和水平面的应力矩阵如下：

$$M_{su}^{V}(x,y,z)=\begin{bmatrix} \sigma_z^{sf}(x_1,y_1,z_1) & \sigma_z^{sf}(x_2,y_1,z_1) & \cdots & \sigma_z^{sf}(x_{nt},y_1,z_1) \\ \sigma_z^{sf}(x_{1t},y_2,z_1) & \sigma_z^{sf}(x_2,y_2,z_1) & \cdots & \sigma_z^{sf}(x_n,y_2,z_1) \\ \vdots & \vdots & \ddots & \vdots \\ \sigma_z^{sf}(x_1,y_m,z_1) & \sigma_z^{sf}(x_2,y_m,z_1) & \cdots & \sigma_z^{sf}(x_n,y_m,z_1) \end{bmatrix}$$（3-7）

$$M_{su}^{H}(x,y,z)=\begin{bmatrix} \sigma_z^{sf}(x_1,y_1,z_1) & \sigma_z^{sf}(x_2,y_1,z_1) & \cdots & \sigma_z^{sf}(x_n,y_1,z_1) \\ \sigma_z^{sf}(x_1,y_1,z_2) & \sigma_z^{sf}(x_2,y_1,z_2) & \cdots & \sigma_z^{sf}(x_n,y_1,z_2) \\ \vdots & \vdots & \ddots & \vdots \\ \sigma_z^{sf}(x_1,y_1,z_l) & \sigma_z^{sf}(x_2,y_1,z_l) & \cdots & \sigma_z^{sf}(x_n,y_1,z_l) \end{bmatrix}$$（3-8）

当围岩应力和多个锚杆共同作用时，依据叠加原理，可以得到锚固在围岩上的耦合应力矩阵，其计算公式如下：

$$M_{to}^{V}=M_{su}^{V}(x,y,z)+M_{\sigma}^{V}(x,y,z,A_1,B_1)+M_{\sigma}^{V}(x,y,z,A_1,B_2)+\cdots+M_{\sigma}^{V}(x,y,z,A_t,Bw)$$
（3-9）

$$M_{to}^{H}=M_{su}^{H}(x,y,z)+M_{\sigma}^{H}(x,y,z,A_1,B_1)+M_{\sigma}^{H}(x,y,z,A_2,B_1)+\cdots+M_{\sigma}^{H}(x,y,z,A_t,Bw)$$
（3-10）

式中：M_{to}^{V} 为围岩应力和多个锚杆耦合作用下的垂直面应力矩阵；M_{to}^{H} 为围岩应力和多个锚杆耦合作用下的水平面应力矩阵；M_{su}^{V} 为围岩应力作用下的垂直面应力矩阵；M_{su}^{H} 为围岩应力作用下的水平面应力矩阵。

3.2.2 预应力锚杆支护的轴力变化分析

预应力锚杆支护有3个关键的力学参数：初始预应力P_0、锚杆锚固段长度L和自由段长度Z_0。其中，预应力值P_0的内涵就是轴力。基于公式（3-4），改变P_0就是改变轴力，即分析的P_0就是分析轴力。下面通过Matlab软件计算和分析了不同预应力P_0（轴力）和自由长度L的顶板应力状态。预应力锚杆的输入参数，如表3-1所示。

根据上面的公式（3-4）和（3-6），可以得到不同预应力P_0条件下的巷道顶

表3-1 预应力锚杆的输入参数

名称	$L_t=Z_0+L$	d	Z_0	L	P_{01}	P_{02}	P_{03}	P_{04}	P_{05}
锚杆1	4m	0.25m	2m	2m	200kN	500kN	1000kN	1500kN	2000kN
锚杆2	5m	0.25m	2m	3m	200kN	500kN	1000kN	1500kN	2000kN
锚杆3	6m	0.25m	2m	4m	200kN	500kN	1000kN	1500kN	2000kN

名称	r_b	r_g	E_g	E_m	E_b	μ_m	μ_g	μ_b
锚杆1、2、3	0.015m	0.0225m	35GPa	45GPa	210GPa	0.25	0.25	0.3

板中的应力云图,如图3-4所示。为便于分析,规定应力大于0.05MPa的范围为有效压应力区(ECSZ),并且应力小于0MPa的范围被定义为特殊区域(SZ)。研究结果表明,存在两种不同的有效压应力区(ECSZ)(如图3-6a、b等):一个有效压应力区位于锚固段中,这部分称为锚固段有效压应力区(AECSZ);另一个有效压应力区位于锚杆自由段中,这部分称为自由段有效压应力区(FECSZ)。此外,还存在两个不同的特殊区域(SZ):一个特殊区域位于锚固段的下方,这部分称为锚固段附近的特殊区域(ASZ);另一个特殊区域位于围岩表面附近,这部分称为围岩浅表的特殊区域(SSZ),又称为锚固盲区。围岩浅表的特殊区域在围岩内部具有极限边界线(图3-6a～e)。当锚杆自由段长度L变长时,极限边界线向顶板内部缓慢移动或扩展,锚固盲区的范围逐渐变大(图3-6a1、a2、a3等)。当自由长度L恒定时,有趣的是,无论预应力如何变化,极限边界线的位置和SSZ的范围都是恒定不变的,即预应力的大小不能改变锚固盲区的范围。换句话说,无论预应力多大,都不能改变锚固盲区的范围,锚固盲区的稳定要靠自身的岩石强度维持,故顶板的护表工作要依靠锚杆间排距的调整而不是预应力。这个结论是建立在静态基础上的,当考虑时间效应的时候,结果就发生了变化。事实上,在时间的作用下,围岩的应力是波动变化的。锚固盲区外会对锚固盲区内的岩体持续产生波动性的做功,而大幅提高锚杆预应力可以减弱这种做功的强度。因此,锚杆预应力的大幅提高在间接上有助于锚固盲区的稳定。此外,从图3-6中可以直观地看到,随着锚杆预应力的增加,自由段有效压应力区,锚固段有效压

应力区和锚固段特殊区的范围都逐渐变大；初始低预应力阶段，锚固段的有效压应力区范围比锚固段特殊区的范围要小，后期高预应力阶段，锚固段的有效压应力区的范围比锚固段特殊区的范围要大；自由段有效压应力区和锚固段有效压应力区的距离越来越近并且最终融合在一起（图3-6b1、c1等）。在本书中约定，当FECSZ和AECSZ即将融合时，锚杆的预应力称为极限预应力。那么，在理论上，2m（总长度4m）和3m（总长度5m）自由段的锚杆临界预应力分别约为500kN和1500kN（图3-6b1和d2）。仔细观察可以发现，随着自由长度L的增加，有效压应力区的宽度沿X方向减小，自由段有效压应力区的高度沿Z方向增大。

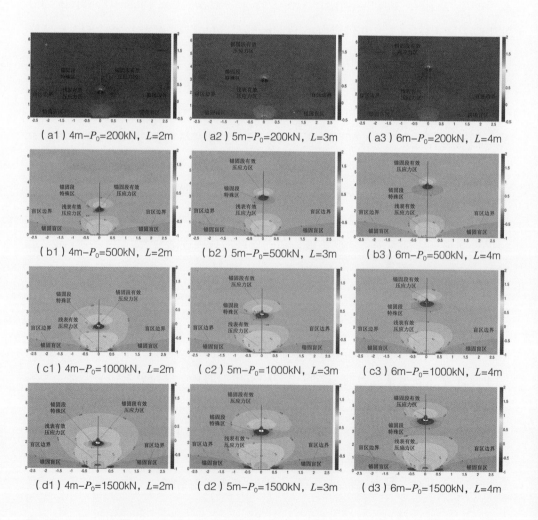

（a1）4m-P_0=200kN，L=2m　　（a2）5m-P_0=200kN，L=3m　　（a3）6m-P_0=200kN，L=4m

（b1）4m-P_0=500kN，L=2m　　（b2）5m-P_0=500kN，L=3m　　（b3）6m-P_0=500kN，L=4m

（c1）4m-P_0=1000kN，L=2m　　（c2）5m-P_0=1000kN，L=3m　　（c3）6m-P_0=1000kN，L=4m

（d1）4m-P_0=1500kN，L=2m　　（d2）5m-P_0=1500kN，L=3m　　（d3）6m-P_0=1500kN，L=4m

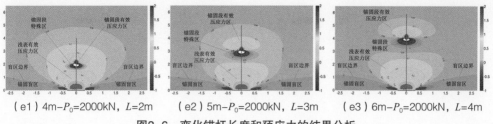

（e1）4m–P_0=2000kN，L=2m   （e2）5m–P_0=2000kN，L=3m   （e3）6m–P_0=2000kN，L=4m

图3-6　变化锚杆长度和预应力的结果分析

3.2.3　带角度的预应力锚杆计算模型

本节介绍了拱形巷道中带角度预应力锚杆的计算方法；计算模型如图3-7所示。首先在模型中建立两个直角坐标系：XOZ和uav。对于XOZ坐标系，原点位于半圆拱巷道的中心，X方向为水平方向，Z方向为垂直方向；对于uav坐标系，原点位于锚杆的围岩表面的安装位置，u方向与锚杆轴向的方向一致，v方向与垂直于锚杆的方向一致。其中，v方向上的直线用LB表示。在模型中，将半圆拱的半径定义为r_0，将XOZ中任意点A的坐标定义为（X，Z），将uav中的坐标指定为（u，v），锚杆与Z坐标轴之间的角度由θ表示，直线OA与Z坐标轴之间的角度由β表示。基于这些参数，倾角锚杆模型的计算方法分为5个步骤，如下所示：

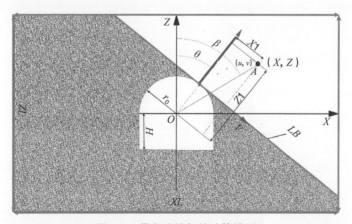

图3-7　带角度锚杆的计算模型

（1）确定模型范围（图3-7中的XL和ZL），并确定所有需要计算的位置的坐标（X，Z）。

（2）确定锚杆的安装角θ和Y值，Y表示XOZ平面在三维空间y方向上的位置。

（3）如下计算角度β：

$$\beta = \begin{cases} \arctan\left(\dfrac{x}{z}\right) & (Z > 0) \\[2mm] \dfrac{\pi}{2} & (Z = 0) \\[2mm] \dfrac{\pi}{2} - \arctan\left(\dfrac{x}{z}\right) & (Z < 0) \end{cases} \qquad （3\text{-}11）$$

（4）计算LB线的代数方程，公式如下所示：

$$Q(X,Y,Z) = \begin{cases} X - r_0 & \theta = 90° \\ X\tan\theta + Z - r_0(\cos\theta + \tan\theta\sin\theta) & 0 \leqslant \theta < 90° \end{cases} \qquad （3\text{-}12）$$

（5）根据公式（3-4）计算锚杆作用在拱形巷道上的径向应力，公式如下所示：

$$\sigma_r = \begin{cases} 0 & Q(X,Y,Z) > 0 \\ \sigma_z(u,Y,v,)\cos\left(|a-\theta|\right) & Z \geqslant 0 \\ \sigma_z(u,Y,v) & Z \leqslant 0 \end{cases} \quad Q(X,Y,Z) \leqslant 0 \qquad （3\text{-}13）$$

其中，

$$\begin{cases} u = X1 = \sqrt{X^2 + Z^2}\sin\left(|\beta-\theta|\right) \\ v = Z1 - r_0 = \sqrt{X^2 + Z^2}\cos\left(|\beta-\theta|\right) - r_0 \end{cases} \qquad （3\text{-}14）$$

对于直墙半圆拱巷道（SWSA），可以根据复变函数将矩形巷道的计算结果转化为拱形巷道，本章节不展开讨论。图3-8显示了不同埋深和不同预应力条件下的角度锚杆支护应力云图。总体而言，直墙半圆拱巷道的结果与以前的结果相似。该方法可为设计和优化拱形巷道的锚固支护参数提供参考，包括预应力、锚固的长度和间距等。（计算参数：$d=0.2$m，$Z_0=1.5$m，$L=2$m，$\theta=0$，45°和90°）。

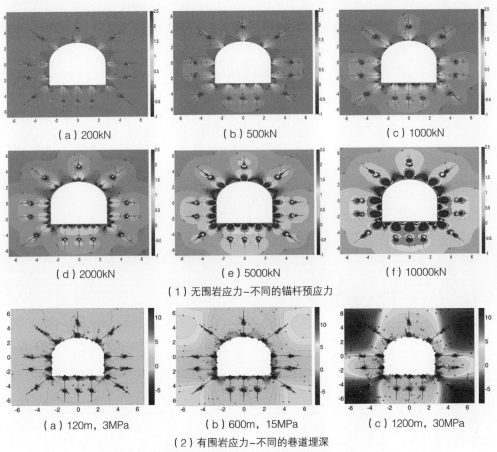

（a）200kN　　　　　　　　（b）500kN　　　　　　　　（c）1000kN

（d）2000kN　　　　　　　　（e）5000kN　　　　　　　　（f）10000kN

（1）无围岩应力–不同的锚杆预应力

（a）120m, 3MPa　　　　　　（b）600m, 15MPa　　　　　　（c）1200m, 30MPa

（2）有围岩应力–不同的巷道埋深

图3-8　不同围岩应力条件下锚杆作用于围岩的径向应力

3.3　预应力锚杆脱黏失效数值分析

本节使用RFPA3D软件研究了锚杆拉拔失效过程的演化规律。数值模型的基体尺寸为180mm×180mm×400mm，锚杆直径为20mm，长度为330mm，外露尺寸为30mm，锚固剂的界面厚度为2mm；加载方式为位移加载，加载步长为0.01mm；岩石基体的强度为50MPa，弹性模量为10000MPa，均质度参数为4；锚固剂的强度和弹性模量分别为30MPa和7000MPa，均质度参数为1000；锚杆的强度和弹性模量分别为1400MPa和210000MPa，均质度参数为1000；模型底端固定，向外拉伸锚杆，如图3-9所示。

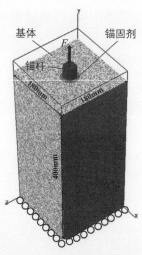

图3-9　锚杆的拉拔模型

3.3.1　锚杆拉拔过程的失效分析

图3-10展示了锚固界面脱黏失效过程中的数值结果，其中，step表示有限元计算中的加载步。从图3-10a可以看出，在加载的初始阶段（step-1），拉拔力约为18kN，模型中没有明显的破坏，模型中的拉应力主要集中在锚杆的露头处。随着载荷的增加（step-2），锚固界面的脱黏失效位置首先出现在锚杆埋入端的基体附近。这是因为锚杆-界面-基体的刚度、强度及其他力学参数差异很大，从而导致了变形不协调；进而，锚固界面单元的应力超过了强度值后发生破坏。随着载荷的不断增加（step3～step12），锚固界面的失效裂纹继续从表面渐进扩展到内部，直到界面完全脱黏。当锚杆完全脱黏失效时，锚杆的极限拉拔力约为220kN。

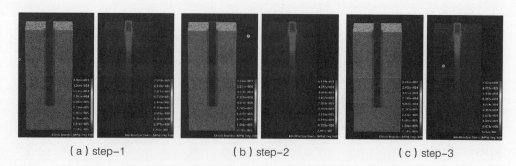

（a）step-1　　　　　（b）step-2　　　　　（c）step-3

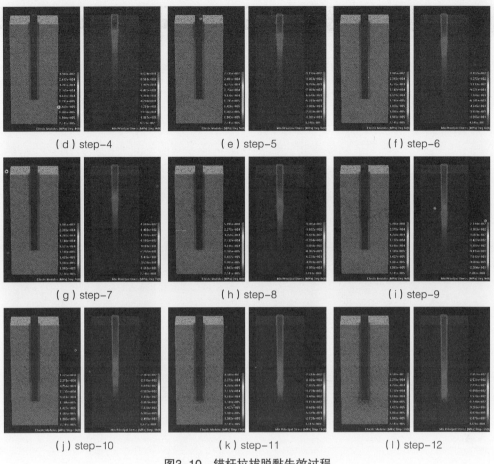

（d）step-4   （e）step-5   （f）step-6

（g）step-7   （h）step-8   （i）step-9

（j）step-10   （k）step-11   （l）step-12

图3-10　锚杆拉拔脱黏失效过程

3.3.2　锚杆脱黏失效的声发射进程分析

　　声发射（AE）是一种无损检测方法，可以有效地确定损坏期间材料的位置，并检测损坏过程中组件的能量释放。通过研究声发射的演化过程，可以有效揭示材料中裂纹扩展的演化规律。图3-11清楚地显示了RFPA3D软件的声发射时空演化过程，粉红色气泡代表剪切破坏，蓝色气泡代表拉伸破坏。在加载的初始阶段，模型的拉力很小，没有AE发生（step-1），表明锚固界面稳定，没有损伤。随着拉拔力的逐渐增加，声发射首先出现在锚杆的露头处附近，并且在模型内部产生的发射气泡很少。此时，声发射位置的锚固界面发生少量脱黏。脱黏失效破坏的类型包括拉伸破坏和剪切破坏，在加载的初始阶段以蓝色气泡的拉伸破坏为主（step-2）。随着载荷的继续，沿锚固界面的AE气泡不断出现。与露头附近的AE气泡相比，内部界面处的AE气泡小而密。此时，粉色气泡的剪切破坏逐渐占主导地位（step-3 ~ step-12）。在加载的后期阶段，AE气泡已在整个锚固界面周围充满，这说明锚固界面已完全脱黏。结果显示，锚杆拉伸过程中AE的演化是一个渐进过程，气泡的发展也是如此。锚固界面脱黏失效的主要原因是剪切破坏，然后是拉伸破坏。但是，值得注意的是，剪切破坏的本质是在最大剪切面上的拉伸破坏。

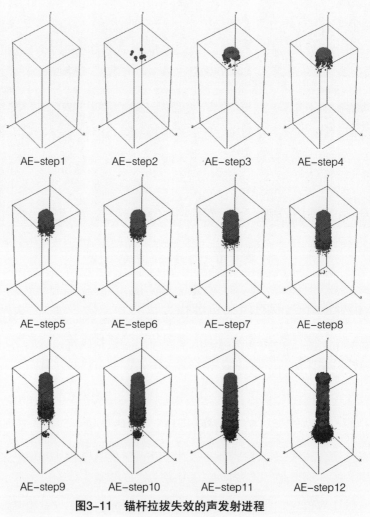

图3-11　锚杆拉拔失效的声发射进程

3.3.3　锚杆轴力和锚固界面剪应力的演化规律

图3-12（a）显示了模型位置的详细信息，图3-12（b）显示了在不同位置和不同加载步骤条件下的锚杆轴向力的变化规律。在加载的初期（拉拔力约为18kN），锚杆的轴向力曲线比较平缓（step-1）。随着加载步骤的进行，试验的拉拔力逐渐增加，并且在锚杆的不同位置的轴向力也随之增加（step-2~step-12）。轴向力的变化也反映了锚固界面的脱黏过程。在试验过程中，锚固界面脱黏位置的摩擦阻力和未脱黏位置的剪切力之和应等于锚杆的拉拔力。未脱黏的锚固界面提供了抗剪力，脱黏的锚固界面提供了摩擦阻力，摩擦阻力也可视为一种特殊的剪切力。因此，抗剪切力与锚杆的拉拔力之间的差值是锚杆在不同位置的轴向力。拉拔力的持续增加导致锚固界面的持续性渐进脱黏。锚固界面脱黏的过程中，锚杆的轴向力也不断地适应、变化和调整。锚固界面的剪切力和摩擦阻力继续增加，最终锚固界面完全脱黏失效。图3-13显示了锚固界面和围岩界面的剪应力变化规律。类似地，没有脱黏失效位置的剪切应力是抗剪切应力，而脱黏失效位置的剪切应力是抗摩擦应力。在剪切应力曲线中，峰值附近的位置是脱黏位置，峰值的右侧表示脱黏，而左侧表示未脱黏。剪应力曲线也生动地显示了锚固界面渐进脱黏的过程（step-1~step-12）。结果表明，脱黏后界面剪切应力趋向于较低的稳定值，这意味着不同位置的摩擦阻力值相对稳定。仔细观察

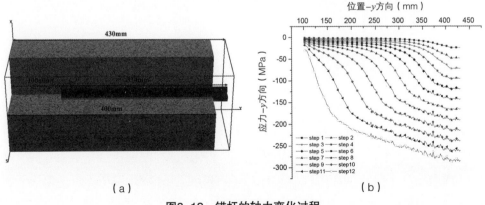

（a）　　　　　　　　　　　　　　　　　（b）

图3-12　锚杆的轴力变化过程

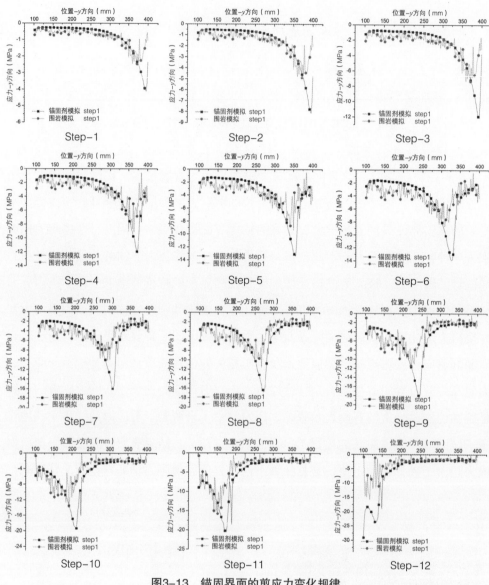

图3-13 锚固界面的剪应力变化规律

可以发现，由于拉拔力的逐渐增加和摩擦阻力的累积叠加，使得剪应力曲线的峰值也逐渐增加。例如，初始阶段（step-1），剪应力曲线的峰值为4MPa左右，而后分别为8MPa左右（step-2）、12MPa左右（step-3、4）、14MPa左右（step-5、6）、16MPa左右（step-7、8）、18MPa左右（step-9、10）、20MPa左右（step-11、12）。

3.4 锚杆托盘的变形应力演化规律

在工程支护中，随着围岩的时效变形和锚杆轴力的协调变化，托盘的受力和变形也相应的发生了改变。这使得托盘表现出了时间效应。托盘的时效变化对工程支护有较大影响，当托盘变形严重（托盘凹面翻转）、托盘周围岩块掉落、托盘与围岩表面不接触时，锚杆托盘发生了锚空现象。这是一种阻碍锚杆安全支护的大敌，需要及时二次预紧或补打锚杆。为了防止托盘的时间效应对锚杆支护效果产生负面影响，本小节基于数值模拟，对托盘的变形位移和应力演化规律进行研究。

3.4.1 托盘变形与托锚力演化规律

本节使用RFPA3D软件进行研究。数值模型的基体尺寸为792mm×792mm×150mm；托盘尺寸为200mm×200mm，厚度为20mm；锚杆螺母压头直径为40mm，厚度为20mm；托盘与基体表面中间设置一层界面材料，模拟接触面。模型加载方式为位移加载，加载步长为0.02mm。岩石基体的强度为50MPa，弹性模量为56000MPa；界面材料的强度和弹性模量分别为10000MPa和50MPa；托盘的强度和弹性模量分别为1400MPa和210000MPa；模型底端固定，向下加载螺母压头，如图3-14所示；数值计算结果如图3-15所示。

图3-15（a）为不同加载步条件下的托盘变形位移变化规律。当托盘压头上位移加载0.02mm时，托盘边缘与中间的相对位移约为0.015mm；当托盘压头上位移加载0.04mm时，托盘边缘与中间的相对位移约为0.03mm；当托盘压头上位移加载0.06mm时，托盘边缘与中间的相对位移约为0.045mm；当托盘压头上位移加载0.08mm时，托盘边缘与中间的相对位移约为0.062mm；当托盘压头上位移加载0.10mm时，托盘边缘与中间的相对位移约为0.077mm；总体变化规律为，加载轴力越大，托盘边缘的相对变形越大。图3-15（b）为不同加载步条件下的托盘表面应力变化规律。当托盘压头上位移加载0.02mm时，托盘边缘与中

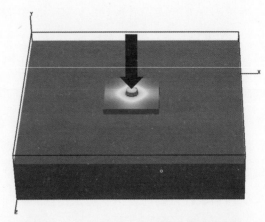

图3-14 200mm托盘的加载过程数值模型

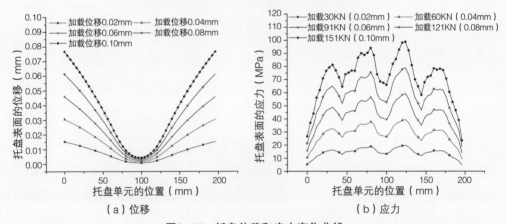

（a）位移   （b）应力

图3-15 托盘位移和应力变化曲线

间的应力差约为10MPa；当托盘压头上位移加载0.04mm时，托盘边缘与中间的应力差约为30MPa；当托盘压头上位移加载0.06mm时，托盘边缘与中间的应力差约为40MPa；当托盘压头上位移加载0.08mmkN时，托盘边缘与中间的应力差约为50MPa；当托盘压头上位移加载0.10mm时，托盘边缘与中间的应力差约为70MPa；总体变化规律为，位移加载量越大，托盘边缘的应力增加较慢，中间的应力增加较快，使得托盘表面的应力分布越来越不均匀，呈现出中间应力大边缘应力小的特征；在这个数值模型中，岩石材料是非均质的，托盘应力曲线表现出了波动性，这较好地描述了工程支护托盘的真实受力状况。

预应力锚杆在支护过程中，轴力会有波动。一般围岩扩容变形后，锚杆的轴力会增加，而长期受载蠕变或围岩松动等原因使得锚杆轴力会下降。同时，在日常工程活动中，锚杆会在一个较小的范围内波动。不同的轴力对应了不同的托盘受力，不同的托盘受力，导致了不同的锚杆托锚力，而托锚力的变化直接影响了锚杆支护的效果。因此，选择合理的托盘参数和结构是非常重要的。

3.4.2　托盘大小对托锚力演化规律的影响

托盘大小是工程支护中非常重要的支护参数，是影响锚固托锚力稳定的重要因素。本节研究了边长为200mm、300mm、400mm3种不同尺寸大小的正方形托盘，托盘厚度为20mm。材料属性与上述相同，加载方式为位移加载，每步加载0.002mm。模型图与计算结果如图3-16所示。较为直观的结果是，最大应力主要集中在托盘的中间，如图3-16-2a～c应力云图所示。托盘尺寸越小，不同位置的位移差异越小，反之越大，如图3-16-3a～c位移云图所示。

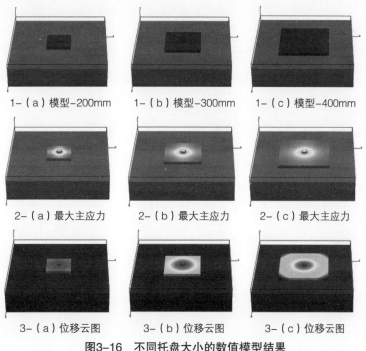

1-（a）模型-200mm　　1-（b）模型-300mm　　1-（c）模型-400mm

2-（a）最大主应力　　2-（b）最大主应力　　2-（c）最大主应力

3-（a）位移云图　　3-（b）位移云图　　3-（c）位移云图

图3-16　不同托盘大小的数值模型结果

图3-17为不同尺寸托盘的应力变化规律曲线。直观地看，位移加载值相同时，尺寸越大，托盘表面的应力峰值越大，包括封顶和峰谷两方面；托盘尺寸越大，受力面积越大，应力曲线的范围越宽。托盘中间为锁具螺母和锚杆，锚杆和托盘受力特征为作用力和反作用力的关系，螺母是二者相互作用的桥梁。图中应力曲线中间为凹陷的负值，与托盘的受力方向想反，较好地反映了锚杆-托盘结构的受力特点。比较有趣的是，400mm大托盘边缘附近出现了明显了波峰，峰值略低于托盘中间的波峰。

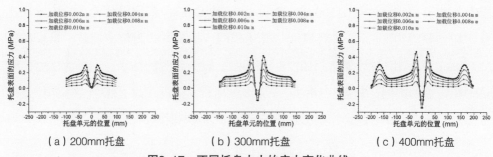

（a）200mm托盘　　　（b）300mm托盘　　　（c）400mm托盘

图3-17　不同托盘大小的应力变化曲线

图3-18为不同尺寸托盘的位移变化规律曲线。显而易见，位移加载值相同时，托盘尺寸越大，托盘边缘的变形越大；托盘尺寸越小，托盘边缘的变形越小，整体变形越均匀。随着位移加载量的增加，托盘的变形量逐渐增大，大托盘的变形速度大于小托盘（观察曲线斜率）。当位移加载值均为0.01mm时，200mm的托盘最大变形约为0.0017mm，300mm的托盘最大变形量约为0.004mm，

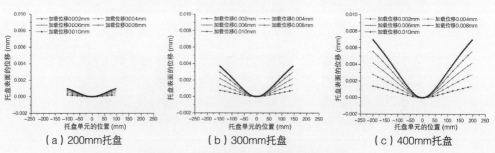

（a）200mm托盘　　　（b）300mm托盘　　　（c）400mm托盘

图3-18　不同托盘大小的位移变化曲线

而400mm的托盘变形达到了0.007mm左右。结果显示，托盘越大，抵抗变形能力越差。原因是托盘边缘离约束中心的距离大，导致力矩大、弯矩大。

虽然大托盘抵抗变形的能力较差，但是阻止围岩变形的能力较强，主要体现在锚杆轴力增速上。如图3-19所示，当围岩变形量相同时，不同大小的托盘协调变形产生的锚杆轴力是不同的。引人注目的是，400mm的大托盘轴力增速非常快，曲线斜率较大；300mm的托盘次之，200mm的托盘轴力增速最慢。仔细观察，当位移荷载增加到0.002mm时，400mm的大托盘协调变形产生的轴力为16.8kN，300mm和200mm的托盘轴力为1.83kN和1.08kN；当位移荷载增加到0.004mm时，400mm的大托盘协调变形产生的轴力为33.6kN，300mm和200mm的托盘轴力为3.65kN和2.16kN；当位移荷载增加到0.006mm时，400mm的大托盘协调变形产生的轴力为50.4kN，300mm和200mm的托盘轴力为5.48kN和3.23kN；当位移荷载增加到0.008mm时，400mm的大托盘协调变形产生的轴力为67.1kN，300mm和200mm的托盘轴力为7.31kN和4.31kN；当位移荷载增加到0.010mm时，400mm的大托盘协调变形产生的轴力为83.9kN，300mm和200mm的托盘轴力为9.13kN和5.39kN。

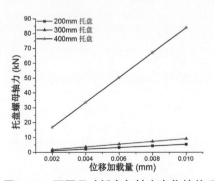

图3-19 不同尺寸托盘与轴力变化的关系

3.4.3 托盘厚度对托锚力演化规律的影响

托盘厚度也是工程支护中重要的支护参数，对锚杆托锚力的稳定起着关键作用。本节研究了边长为4mm、12mm、20mm3种不同厚度的正方形托盘，托盘尺寸为200mm×200mm。材料属性也与上述相同，加载方式为位移加载，每步加载0.002mm。模型图与计算结果如图3-20所示。图3-21为不同厚度托盘的应力变化规律曲线。与不同大小的托盘类似，位移加载值相同时，厚度越小，托盘表面的应力峰值越大；托盘厚度越大，受力分布越均匀。结果显示，4mm厚度的托盘应力集中非常明显，受力分布极不均匀（图3-21a）；当托盘厚度从4mm变化为12mm时，托盘受力分布明显变得均匀化；当托盘厚度变化到20mm时，托盘受力情况几乎接近于均布荷载。即，托盘的厚度越大，托盘受力越均匀；反之，越不均匀。

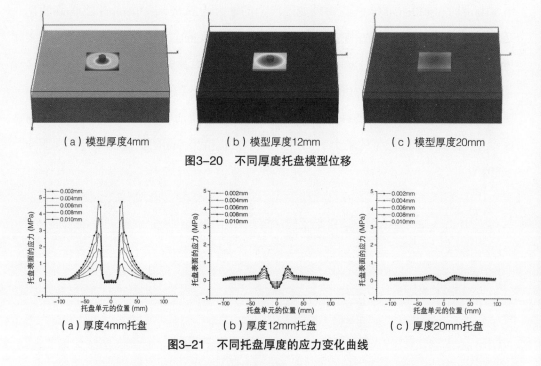

（a）模型厚度4mm　　　　（b）模型厚度12mm　　　　（c）模型厚度20mm

图3-20　不同厚度托盘模型位移

（a）厚度4mm托盘　　　　（b）厚度12mm托盘　　　　（c）厚度20mm托盘

图3-21　不同托盘厚度的应力变化曲线

图3-22为不同厚度托盘的位移变化规律曲线。与上述结果类似，位移加载值相同时，托盘厚度越大，托盘边缘的变形越大；托盘厚度越小，托盘边缘的变形越小，整体变形越均匀。随着位移加载量的增加，托盘的变形量逐渐增大，厚托盘的变形速度大于薄托盘（观察曲线斜率）。结果显示，托盘越薄，抵抗变形能力越差。这与传统认知一致，不再赘述。

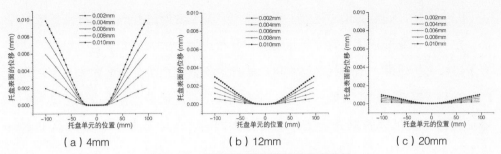

（a）4mm   （b）12mm   （c）20mm

图3-22　不同托盘厚度的位移变化曲线

　　不同厚的托盘对围岩变形的控制能力也是不同的，同样反映在轴力的变化上。如图3-23所示，当围岩变形量相同时，不同厚度的托盘协调变形产生的锚杆轴力是不同的。与上述结果类似，20mm的厚托盘轴力增速很快，曲线斜率较大；12mm的托盘次之，4mm的托盘轴力增速最慢。仔细观察，当位移荷载增加到0.002mm时，20mm的厚托盘协调变形产生的轴力为1.08kN，12mm和4mm的托盘轴力为0.90kN和0.37kN；当位移荷载增加到0.004mm时，20mm的厚托盘协调变形产生的轴力为2.16kN，12mm和4mm的托盘轴力为1.80kN和0.75kN；当位移荷载增加到0.006mm时，20mm的厚托盘协调变形产生的轴力为3.23kN，12mm和4mm的托盘轴力为2.70kN和1.12kN；当位移荷载增加到0.008mm时，20mm的厚托盘协调变形产生的轴力为4.31kN，12mm和4mm的托盘轴力为3.60kN和1.50kN；当位移荷载增加到0.010mm时，20mm的厚托盘协调变形产生的轴力为5.39kN，300mm和200mm的托盘轴力为4.51kN和1.87kN。

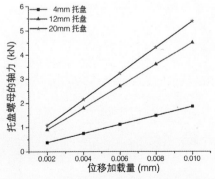

图3-23　不同厚度托盘与轴力变化的关系

综上所述，托盘的尺寸越大、厚度越厚，围岩变形过程中，锚杆支护增阻越快，控制围岩变形量越有效。托盘的应力分布规律一般为中间大、边缘小，这不利于锚杆支护效果，增加托盘厚度可以改善结果。大托盘受力面积大，控制范围广，有利于提高围岩护表能力，但不利于托盘自身优化受力（边缘力矩过大）。增加托盘厚度可以缓解托盘边缘力矩过大问题，但又大幅增加了托盘重量和成本。

3.4.4　围岩破裂演化对锚杆极限承载力的影响

破裂演化过程中的围岩表现出了较强的时效性，由于监测技术的限制，现场一般只监测围岩表面的位移和表面的支承应力。围岩内部的应力演化规律很难被捕捉。本小节通过数值模拟研究了巷道围岩破裂过程中的应力演化规律，计算模型如图3-24所示。模型尺寸为40000mm×24000mm×14000mm，单元格为100×60×35，共计210000个单元格。巷道的高度和宽度分别为2800mm和4800mm。模拟过程：首先，将2MPa的初始力施加到模型的X方向，在Y方向上施加初始力1.8MPa，在Z方向上施加初始力1.6MPa来模拟原岩应力。加载方式：X方向单步增量为0.02MPa，Y方向步增量为0.018MPa，Y方向步增量为0.016MPa。

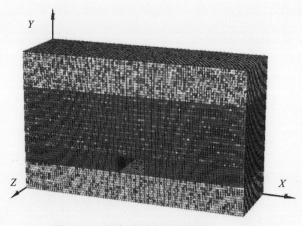

图3-24　围岩破裂演化模型图

　　图3-25（a）为巷道围岩的破坏进程。结果显示，加载初始阶段，围岩比较稳定；随着加载步的进行到step-55时，围岩中开始出现损伤；加载到step-84之后，围岩的损伤破坏开始加剧，并最终形成冒落拱形结构；加载到step-103时，围岩6m范围内的岩体全部遭到了损伤破坏。图3-25（b）~（d）显示了巷道顶板内1m处、2.5处和4m处的垂直应力、水平应力和剪应力的演化规律。研究结果显示，在初始阶段（step-1），顶板内1m处不同位置的水平应力（X方向）分布比较均匀。不同位置的垂直应力分布明显不同，巷道中间的垂直应力较小，接近零，巷道两边的垂直应力逐渐升高趋于一个稳定值；不同位置的剪应力分布也不相同，剪切应力峰值位于巷道正上方靠近帮角处附近，巷道中间和巷道帮部上方的剪应力趋于零（step-1-b）；与顶板内1m处相比，顶板内2.5m处的垂直应力最小值变大，剪应力的峰值降低（step-1-c）；而在顶板内4m处的垂直应力曲线和水平应力曲线均趋于水平（step-1-c）。随着加载步的进行，围岩开始破裂演化，顶板中应力发生了相应的变化。变化特征为：巷道正上方顶板中垂直应力的相对值逐渐下降，最终趋于零；巷道正上方顶板中水平应力的相对值逐渐下降，最终趋于零；巷道正上方顶板中剪应力的相对值逐渐下降，最终趋于零；且3种应力的应力峰值均向巷道帮内以远移动。总之，随着围岩的渐进破坏，围岩中的水平应力和垂直应力均逐渐降低，直至为零，且围岩浅表的变化速度快，深部的变化速度慢。

　　围岩应力的变化和衰减对支护锚杆的稳定性有一定影响。基于上面的锚杆拉拔模型，研究了0MPa、0.1MPa、0.6MPa、1.1MPa4种不同围压作用下的锚杆失效过程和极限拉拔力。图3-26显示了不同围压作用下锚杆和锚固界面的位移变化曲线；当二者的位移相差较大时，认为锚固界面脱黏失效。当拉拔力为18kN时，4种围岩条件下的锚固界面均未脱黏；当拉拔力为118kN时，围压0MPa的锚固界面大约脱黏了100mm，围压0.1MPa的锚固界面大约脱黏了60mm，围压0.6MPa的锚固界面大约脱黏了45mm，围压1.1MPa的锚固界面大约脱黏了30mm；当拉拔力为220kN时，围压0MPa的锚固界面全部脱黏（300mm），围压0.1MPa的锚固界面大约脱黏了170mm，围压0.6MPa的锚固界面大约脱黏了120mm，围压1.1MPa的锚固

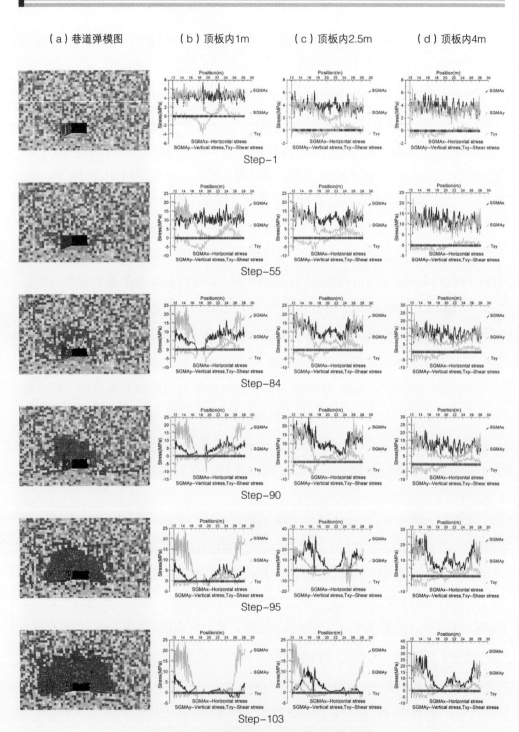

图3-25 围岩破裂演化过程与应力变化规律

界面大约脱黏了80mm。研究结果表明，围压（水平应力）的存在对锚杆的极限拉拔力有显著影响，围压越高极限拉拔力越大。

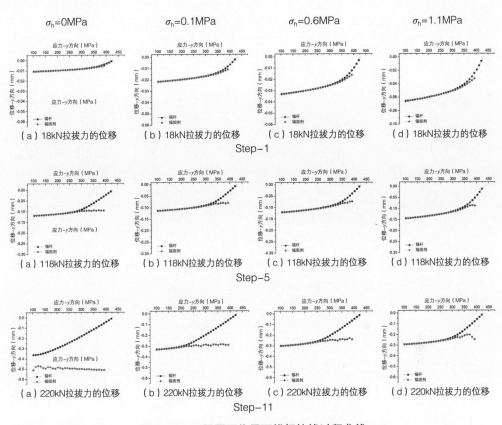

图3-26　不同围压作用下锚杆拉拔过程曲线

3.5　时效锚杆的计算方法

时效锚杆的计算方法是由锚杆轴力变化、锚固界面脱黏失效和托盘的变形应力演化3个方面综合而成。计算过程以锚杆轴力变化为主，带动锚固界面和托盘发生变化。锚杆轴力变化的时间效应由支护范围内的时效围岩与锚杆协调变形获得，计算过程以围岩变形为主。其中，基于麦德林解，可得面力作用下围岩中的位移公式如下所示。

$$D_z^f = \int_{-d}^{d} \int_{-t}^{t} \frac{Fx}{16\pi G(1-\mu)} \left[\frac{z-c}{\left(x^2+y^2+(z-c)^2\right)^{3/2}} + \frac{(3-4\mu)(z-c)}{\left(x^2+y^2+(z+c)^2\right)^{3/2}} \right.$$

$$\left. - \frac{6cz(z+c)}{\left(x^2+y^2+(z+c)^2\right)^{5/2}} + \frac{4(1-\mu)(1-2\mu)}{\sqrt{x^2+y^2+(z+c)^2}\left(\sqrt{x^2+y^2+(z+c)^2}+z+c\right)^2} \right] dxdy$$

$$\text{（3-15）}$$

当应力承载曲线$q(u)$为均布荷载时，依据公式（3-15），巷道顶板中任意点的位移公式如下所示：

$$D_z = D_z^f(x,y,z) + D_z^f(x-W-2d,y,z) \qquad \text{（3-16）}$$

令锚杆自由段上方的坐标为(x_a,y_a,z_a)，下方的坐标为(x_b,y_b,z_b)，依据公式（3-16），可得锚杆自由段范围内的岩体位移差公式如下所示：

$$D_z^m = D_z(x_b,y_b,z_b) - D_z(x_a,y_a,z_a) \qquad \text{（3-17）}$$

依据公式（3-17），时效围岩中锚杆的轴力变化公式如下所示：

$$P = P_0 + \frac{\pi r_b^2 E_b D_2^m}{z_0} \qquad \text{（3-18）}$$

通过上述锚固界面脱黏和托盘变形演化与轴力变化之间的联系，代入预应力锚杆的计算方程中，可以形成锚杆时效支护的计算方法。该方法可以研究不同时刻的锚杆与时效围岩之间的相互作用状态。基于该方法可以判断任意时刻的锚杆是否失效，判断任意时刻的围岩是否稳定。锚杆轴力、锚固界面脱黏和托盘变形演化三者之间的相互关系，还需进一步研究固化。本文仅使用数值计算开展了研究，未来还需要结合物理试验和工程测试进行补充完善，由于篇幅有限不再赘述。

3.6 本章小结

本章首先阐述了时效围岩支护的内涵，分析了围压支护的对称性原理；指出了预应力锚杆支护的时效性主要包括锚杆轴力变化的时效性、锚固界面弱化及脱粘失效的时效性、托盘表面应力变化及变形的时效性三方面；然后通过数值计算和解析模型相结合的方法，研究了预应力锚杆的最优预应力值等关键指标，分析了锚杆的脱粘失效进程，探讨了托盘受力变化的时效特征，提出了预应力锚杆的时效性计算方法。得出了以下结论：

（1）研究了巷道的开挖与支护的非线性过程。非线性过程表现在开挖和支护的顺序不能颠倒，否则会导致围岩产生不同的时效变化。不同的开挖强度、开挖速度、开挖方式、开挖工艺、支护时机、支护参数，导致了不同的围岩变化规律和不同的围岩损伤程度。例如，巷道开挖后，选用较小的预应力及时支护和选用较大的预应力滞后支护，会导致不同的围岩变形和破坏演化规律。

（2）研究了预应力锚杆的时效支护机制。时效围岩持续变化和发展的根本原因是对称性或缺，围岩的应力和变形越对称，越稳定。控制时效围岩的思路是"减弱时效围岩的应力不对称和变形不对称，主要包括围岩深部和浅部的应力不对称和变形不对称。锚杆预应力是减弱这种对称性最直接的方式。

（3）研究了预应力锚杆的参数之间的关系。不同的锚杆破断荷载，具有不同的锚杆支护能力，具有不同的锚杆最优长度。不同自由段长度的锚杆，具有不同的最优预应力，具有不同的控制范围。不同的锚固段长度，具有不同的极限拉拔力，具有不同的安全系数。不同的围岩环境和围岩寿命，具有不同的围岩损伤范围，需要选择不同的锚杆长度、预应力和破断荷载。

（4）研究了预应力锚杆的最优预应力值。预应力锚杆支护存在两个有效压应力区：锚固段有效压应力区和自由段有效压应力区。随着预应力的不断增大，两个压应力区逐渐靠近，最终融合在一起。两个压应力区即将融合时的预应力为最优预应力值。超过临界值后，支护成本大幅增加，支护效果提升缓慢。工程实践表明，高强锚杆预应力的设计值取临界最优预应力值的40%左右比较合适。

（5）研究了预应力锚杆的脱黏失效机制。预应力锚杆脱黏后，仍能提供一部分残余承载力，原因是存在摩擦力等因素，残余承载力是提高锚杆极限承载力的重要指标。围岩破裂演化过程会降低锚杆周围的围压，加剧锚杆的脱黏失效进程。锚杆周围的围压对锚固承载有较大影响，但仅需1MPa左右就能明显改善，1MPa以后改善效果缓慢。

（6）研究了预应力锚杆支护参数与锚固盲区之间的关系。预应力的大小不能改变锚固盲区的范围，只能缓解盲区的受力环境。锚固盲区的范围与锚杆的长度有关，锚杆自由段长度越大锚固盲区范围越大。锚固盲区的岩体主要靠岩体自身的强度自稳和护表网片等维护。锚固盲区不能自稳时，缩小锚杆间排距是最有效的方法之一。

（7）研究了托盘的变形和应力演化规律。锚杆轴力不能完全反映锚杆支护的真实工况，还需要结合托盘的受力和变形。托盘呈中间大、边缘小的应力分布规律。结果表明，托盘的应力越均匀越有利，越集中在托盘中间越不利。托盘的尺寸越大、厚度越厚，围岩变形过程中，锚杆支护增阻越快，控制围岩变形越有效。大托盘受力面积大、范围广，有利于提高围岩的护表能力。大托盘的尺寸较大，导致托盘边缘的力矩较大，不利于托盘受力的优化。

4 超级预应力锚杆支护技术与机制

近年来，随着开采环境的变化，现有锚杆支护技术适应能力越来越弱，主要原因是单个锚杆结构承载能有限，不能提供足够的支护阻力。单从力学平衡角度出发，大幅提高支护阻力有助于围岩的长期稳定。支护的本质是力学平衡。现有的支护不能满足围岩力学平衡时，通过提高一个支护量级的方式，改善支护阻力，提供围岩稳定所需的平衡力。这种理念称之为超级支护。预应力锚杆超级支护包括：支护强度超级、预应力超级、破断荷载超级、极限锚固强度超级、支护时间超级。目前，煤矿巷道中锚杆索支护的最高预应力达到了300kN，100kN、200kN、300kN属于100kN量级。理论计算和试验结果表明，将预应力100kN量级提高到1000kN量级，可以大幅提高锚杆支护承载力。其中，1000kN量级的预应力发展空间很大，包括了1000～10000kN之间的所有预应力。当前，煤矿中1000kN的预应力锚杆支护技术还未实现和突破，本文基于此做了一些探索性的工作，并提出了组锚杆结构。

4.1 超级预应力锚杆支护技术探讨

时效支护受到诸多因素的限制和约束，工程人员的决策空间和余地非常有限。其中，调节预应力锚杆支护参数，包括预应力、锚杆长度、破断荷载和托盘大小等，是决策支护时机的重要方式。深部围岩的支护时机宜越早越好，然而支护时机很短暂，又受到了施工工艺、采掘平衡等因素的限制，较难达到理想的支护时机。锚杆预应力值的选择和设定能够优化支护时机，遗憾的是目前矿用锚杆的预应力等参数优化已发挥到极致，受到多方面的限制，不能提供更高的预应力，故人们可操控的范围比较有限。超级预应力锚杆是解决这个矛盾的一个途径。

当现有支护不能满足工程支护的要求时，通过把支护强度提高一个数量级来保证安全的支护方法，被称为超级支护。超级预应力锚杆支护是指在锚杆预应力和破断荷载量级上提高一个级别的支护方法。超级预应力锚杆支护分为整体超级支护和局部超级支护。超级支护是一种理论上的万能支护思想，但是超级支护受到了支护技术的限制和约束。在特定条件下，当支护技术不能实现支护强度的量级跨越时，超级支护就不能实现。预应力锚杆超级支护的实现需要匹配的超级预应力锚杆。在深部采矿工程中，锚杆索的预应力值最高达到了300kN左右。即使如此，仍然不能有效控制一些困难围岩的变形，常常是前掘后卧、前支后修，有时返修的成本比新掘巷道的成本还高，同时，管理难度也大大提高了。如果基于超级支护思想，将锚杆索的预应力从100kN量级提高到1000kN量级也许有希望解决该问题。要实现1000kN的预应力，锚杆索破断荷载要超过2000kN才能保证安全。这对锚杆材料强度、参数、结构等都提出了较高的要求。目前，矿用的1000kN量级的锚杆支护技术的还未实现，也许未来还需要研究10000kN更高量级的锚杆支护技术。超高量级锚杆支护技术瓶颈的突破，将使得围岩控制的诸多难题被一招化解——实现一招制敌的效果。

深部高应力时效围岩的控制现状是被动的、紧迫的，支护时机往往是被工程环境所限定，没有过多的主动性决策权。矿用1000kN预应力锚杆支护技术的突破和实现将提高和改善工程人员的决策空间。传统支护认为矿山压力很大，不可与之相抗。围岩与支护共同承载，围岩自身承载占绝大多数，支护强度约占1%，甚至更小。然而，矿山压力虽然很大，但并不是无限大，而是有极限值。100m埋深约为2.5MPa，1000m埋深约为25MPa。传统的锚杆支护强度相比围岩自承载很小，但小的原因，除了支护材料本身强度较低、不能满足高强支护需求外，节约经济成本是关键，并不完全是理论和技术问题。目前，单根锚索锚固力已经可以达到13000kN，预紧力可以达到9000kN，也许煤矿锚杆做到1000kN或2000kN就可解决目前的支护困境。超级支护硬抗矿压与传统的让压支护并不矛盾，其本质是超高阻力的让压支护。

当一段时间内围岩变形速度很快、变形量很大时，就称围岩具有强时效性；反之，就称围岩具有弱时效性。围岩的时效性变化强弱不仅与岩性的软硬有关，还与围岩应力的大小有关。基于对称性原理，应力越对称，围岩时效性越弱；换句话说，围岩应力与支护应力的差值越小，围岩时效性越弱，围岩越稳定。与煤矿巷道支护相比，隧道支护采用了超高量级支护。工程结果表明，隧道支护服务几十年甚至上百年的时间后，围岩的变形量几乎为零，小到无法察觉。这说明强支护确实能够减弱围岩的强时效性。

煤矿使用超级预应力锚杆导致支护成本必然增加，能否通过某种途径和方法间接降低支护成本是一个新课题。目前，有3个思路：①研究高性能、低成本的新锚杆材料和新技术；②使用可回收锚杆；③基于超级预应力锚杆技术，进一步优化支护参数。清华大学魏飞教授团队在2018年研制的碳纳米管束材料，强度为钢材的约100倍，密度仅为钢材的1/6。碳纳米管被认为是目前发现的最强的几种材料之一，理论计算表明，其是目前唯一可能帮助我们实现太空电梯梦想的缆绳材料。如果将这种材料作为超级锚杆材料，将颠覆现有的锚杆支护技术和理论（图4-1a）。同时，日本科学家以湖泊中富营养化是硅藻为原料研制了轻质的新型材料，强度为钢材的2~3倍，密度为钢材的1/2左右，可作为轻质锚杆托盘的新型材料。对于可回收锚杆，也是在2018年，浙江大学龚晓南院士牵头成立了可回收锚杆联盟，至今已召开了3次可回收锚杆专题联盟大会。可回收锚杆在国外已发展成熟，尤其在日本，国内才刚刚起步。可回收锚杆产品种类丰富，包括：抽条式、自断式、热熔式、压入式、合页式、钢筋螺旋式、旋转式和U型式等（图4-1b）。在煤矿中，使用可回收锚杆是降低支护成本的一个途径。由于锚杆遗留在地层中，可能对地下空间其他资源开发造成障碍，故未来可回收锚杆可能会作为政府的一项强制措施。传统的锚杆材料、结构的支护参数已经非常优化，继续优化的空间很小。超级锚杆支护技术和结构的突破（图4-1c），将带来新的一轮支护参数的优化，对于间接降低超级支护的成本有一定帮助。

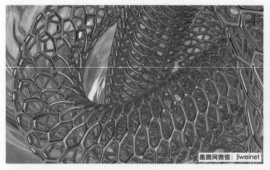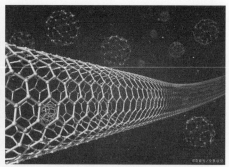

（a）碳纳米管束

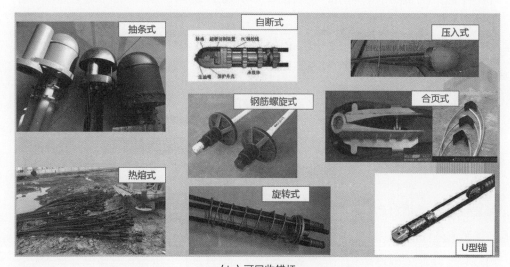

（b）可回收锚杆

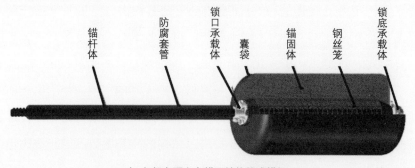

（c）超高预应力锚固结构笼式锚杆

图4-1　超级预应力锚杆的匹配材料和结构

4.2　超级预应力锚杆支护相似模拟

4.2.1　相似模拟试验方案

如图4-2所示，相似模拟试验系统由模型框架、岩层、加载系统和监测系统组成。岩层铺设在框架中，最大模型的尺寸为2500mm×1400mm×200mm。其中，在物理模型中设计了3条相似巷道：巷道1、巷道2和巷道3。这3个巷道的尺寸相同，其宽度、高度和厚度分别为270mm、160mm和200mm。另外，模型的监测系统包括气压泵加载系统和高速摄像机位移监测系统。通过高速照相机记录变形前后两个图像之间相同像素点的差异，来计算顶板中的位移变化。位移监测点布置在相似模型的外表面上，在顶板上共布置了4行监测点，每行33条。模型的岩层是依据葫芦素煤矿的地质和工程条件设计和铺设的。通过考虑工程条件和框架尺寸，确定了几何和力学相似比：CL=1∶20，Cρ=1∶1.6和C=1∶100。（CL是几何相似性的常数，Cρ是密度相似性的常数，C是应力相似性的常数）。该模型的加载应力范围为0~0.15MPa。气压千斤顶的伸缩范围是0~10cm，压力表读数为0~0.6MPa。模型的岩层的力学参数见表4-1。

表4-1　实验模型各岩层参数及配比

序号	岩层	厚度		密度		模型岩量（kg）	配比	材料重量（kg）			
		实际厚度（m）	模型厚度（mm）	岩体（t/m³）	模型（g/m³）			砂	碳酸钙	石膏	水量
27	细粒砂岩	5.5	110	2.6	1.65	164.80	437	131.79	9.89	23.07	14.96
26	细粒砂岩	5.5	110	2.6	1.65	164.80	437	131.79	9.89	23.07	14.96
25	砂质泥岩	4.0	80	2.5	1.65	119.79	637	102.69	5.13	11.98	10.89
24	细粒砂岩	3.0	60	2.6	1.65	89.86	437	71.89	5.40	12.58	8.16
23	细粒砂岩	2.5	50	2.6	1.65	74.88	437	59.91	4.49	10.48	6.80
22	细粒砂岩	3.0	60	2.6	1.65	89.86	437	71.89	5.40	12.58	8.16

（续表）

序号	岩层	厚度		密度		模型岩量（kg）	配比	材料重量（kg）			
		实际厚度（m）	模型厚度（mm）	岩体（t/m³）	模型（g/m³）			砂	碳酸钙	石膏	水量
21	细粒砂岩	2.0	40	2.6	1.65	59.91	437	47.92	3.60	8.38	5.45
20	细粒砂岩	2.0	40	2.6	1.65	59.91	437	47.92	3.60	8.38	5.45
19	细粒砂岩	2.5	50	2.6	1.65	74.88	437	59.91	4.49	10.48	6.80
18	细粒砂岩	2.0	40	2.6	1.65	59.91	437	47.92	3.60	8.38	5.45
17	细粒砂岩	1.25	25	2.6	1.65	37.43	437	29.95	2.26	5.24	3.40
16	细粒砂岩	0.75	15	2.6	1.65	22.46	437	17.97	1.34	3.15	2.05
15	砂质泥岩	1.25	25	2.5	1.65	637	32.11	1.61	3.75	3.39	
14	砂质泥岩	0.5	10	2.5	1.65	14.98	637	12.85	0.64	1.50	1.35
13	砂质泥岩	0.75	15	2.5	1.65	22.48	637	19.26	0.97	2.26	2.04
12	砂质泥岩	0.5	10	2.5	1.65	14.98	637	12.85	0.64	1.50	1.35
11	2-1煤	3.0	60	1.5	1.65	89.90	773	78.66	7.87	3.38	8.14
10	砂质泥岩	1.0	20	2.5	1.65	29.96	637	25.67	1.29	3.00	2.72
9	砂质泥岩	1.0	20	2.5	1.65	29.96	637	25.67	1.29	3.00	2.72
8	砂质泥岩	2.0	40	2.5	1.65	59.91	637	51.35	2.56	6.00	5.43
7	砂质泥岩	1.0	20	2.5	1.65	29.96	637	25.67	1.29	3.00	2.72
6	砂质泥岩	7.25	145	2.5	1.65	217.24	637	186.14	9.33	21.78	19.72
5	砂质泥岩	6.75	135	2.5	1.65	202.26	637	173.31	8.69	20.27	18.36
4	砂质泥岩	1.0	20	2.5	1.65	29.96	637	25.67	1.29	3.00	2.72
3	砂质泥岩	1.0	20	2.5	1.65	29.96	637	25.67	1.29	3.00	2.72
2	2-2煤	2.5	50	1.5	1.65	74.90	773	65.54	6.56	2.81	6.82
1	砂质泥岩	6.5	130	2.5	1.65	194.69	637	166.87	8.35	19.47	17.71

相似模拟方案中，采用定制的小螺杆、小螺母、小垫片和弹簧来模拟预应力锚杆。同时，设计了相似锚杆配套的预埋巷道模具，模具上按照设计方案预留了许多锚杆孔。模型中3条巷道的支护方案在图4-2中可以直观地观察到。3种支护方

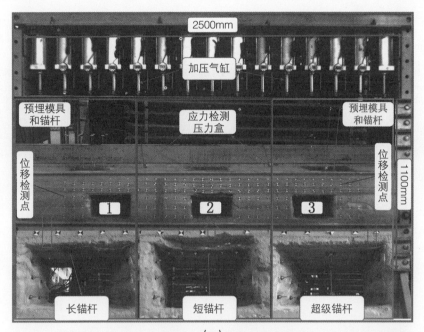

（a）

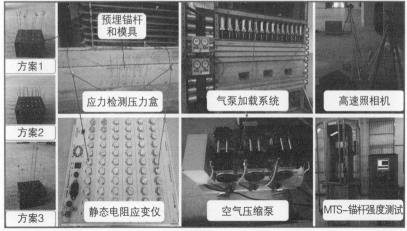

（b）

图4-2　试验系统和物理模型设计

案的详细支护参数如图4-3所示，3条巷道的支护方案分别为：方案1、方案2和方案3。方案3为超级锚杆支护，方案1和方案2为方案3的比较方案。方案1由250mm（外露30mm，模拟4m的锚杆）的相似锚杆在巷道1中均匀布置而成，布置3排，每排4根，共计12根。方案2由125mm（外露25mm，模拟2m的锚杆）的相似锚杆在巷道2中均匀布置而成，布置3排，每排6根，共计18根。超级锚杆支护（方案3）由180mm（外露30mm，模拟3m的锚杆）和350mm（外露30mm，模拟6m的锚杆）的相似锚杆在巷道3中对称布置而成，布置2排，每排1根320mm超级锚杆和两根150mm的长锚杆，共计6根。其中，相似锚杆的预应力通过定制不同的弹簧来控制和调节；超级锚杆选用M4的铜质螺杆，长锚杆选用M2的钢质螺杆，短锚杆选用M2的铜质螺杆，如同4-4所示。方案1中所有锚杆的预应力设计值为1N，1N用于模拟真实巷道中的200kN。方案2中，所有锚杆的预应力设计值为0.2N，1N用于模拟真实巷道中的40kN。超级锚杆方案中（方案3），超级锚杆和其他锚杆的预应力设计值分别为7.65N和0.6N、7.65N和0.6N分别模拟实际巷道中的1500kN和120kN。此外，3种方案均使用纱窗网模拟工程中的钢筋网片匹配相似锚杆支护。

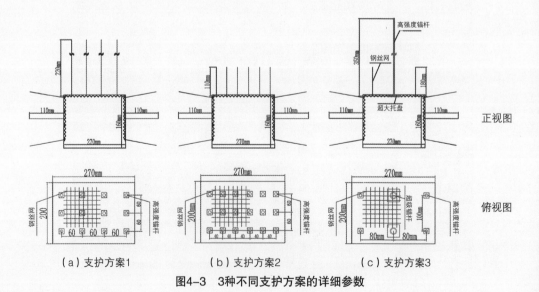

（a）支护方案1 （b）支护方案2 （c）支护方案3

图4-3　3种不同支护方案的详细参数

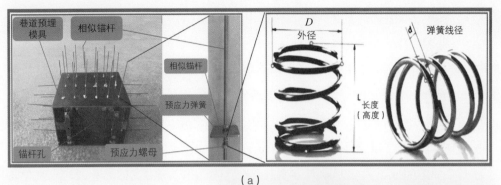

（a）

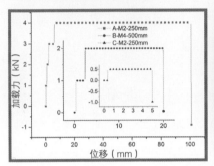 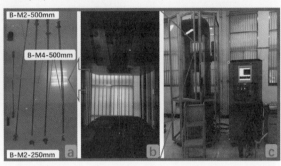

（b）

图4-4   相似锚杆套件和力学测试

4.2.2   顶板时效破坏演化规律与机制分析

图4-5显示了3种不同支护方案的顶板的变形破坏演化规律。模型试验开始之初，首先用0.05MPa（气泵压力值为0.2MPa）的压力施加到相似模型上，持续加载30min。在此期间，3种不同支护方案的顶板均未出现明显变形和裂缝萌生（图4-5a）。随后，将载荷从0.05MPa瞬间（大约0.5s）增加到0.10MPa左右时，相似模型出现了明显的变化，结果如图4-5b所示。首先，3种条巷道顶板中的位移加速度明显不同，方案2的顶板位移加速度最大，方案1次之，方案3最小。这个结论的获得与照相机的延时捕捉原理有关，物理质点的运动速度越快，捕捉到的照片就越模糊；相反，质点的运动速度越慢，照片就越清晰。在图4-5b中，方案2顶板中的位移监测点最模糊，方案1次之，方案3最清晰。此时，仔细观察可以发现，支护方案1的巷道顶板萌生了小的纵向裂缝；支护方案2的巷道顶板不仅萌生了两个大

的纵向裂缝，且萌生了一个横向裂缝；相比之下，支护方案3（超级锚杆）的巷道顶板未出现裂缝（图4-5b）。然后，再将施加的载荷从0.10MPa瞬时（大约0.5s）增加到0.15MPa左右时，方案2支护的巷道发生了具有冲击性的大型顶板冒顶事故（图4-5c），结合先前巷道2顶板中的裂纹萌生位置可知，顶板2先是在锚杆锚固位置附近发生离层破坏，导致锚固范围内整体垮冒，进而恶性循环引发深部的大面积坍塌。锚固顶板整体垮冒的原因是，裂纹相互贯通和扩展让顶板岩体内部3个方向5个面的完成了大切割。与方案2相比，方案1和方案3支护的巷道均未发生冒顶事故；但是，巷道1和巷道3的顶板都出现了新裂纹，且巷道1生成的裂纹数量明显多于巷道3的数量（图4-5c）。与巷道3的超级锚杆支护相比，巷道1的顶板帮角处破坏非常明显且严重，同时，顶板1的位移也明显大于顶板3。在1号巷道中发生了无数的新裂缝——屋顶严重受损。当将0.15MPa的载荷持续施加4s时，巷道1的顶板并没有进一步恶化和下沉，而巷道3的进一步加速下沉并伴随有裂纹新生和扩张（图4-5d）。从时间上来看，超级支护的顶板比方案1的顶板晚破坏了0.5s，表现出了一定的时间效应。

　　试验结果说明，超级预应力能更好地提高围岩强度，减弱和延迟围岩的强时效性。巷道1和巷道3达到相同位移后，都没有进一步破坏，原因之一可能是，模型加载系统的气压千斤顶达到了其自身的极限伸缩长度（10cm），已无法继续为模型提供足够的荷载。试验加载到最后，巷道2发生了大面积冒顶，而巷道1和3没有发生冒顶，原因之一是超级锚杆和长锚杆的控制范围更广，锚杆长度起到了积极作用。较长的锚杆能将浅部松动破坏的岩体悬吊起来，锚杆悬吊的浅部岩体阻止了深部岩体的下沉运动，抑制了顶板的进一步恶化。而巷道2的锚杆较短，不能起到较好的悬吊作用，使得锚杆范围内整体垮冒，进而恶性循环发生冒顶。方案1和3没有发生冒顶的另一个原因可能是，方案2冒顶后使1和3的顶板处于卸压区中，降低了1和3顶板中的应力荷载。值得注意的是，相似锚杆的强度远远大于相似岩层的强度。实际上，试验的锚杆都可以认为是超级锚杆，但只有方案3的超级锚杆施加了超级预应力，只有方案3可以被称为超级支护，故超级锚杆需要足够的匹配长度和足够的匹配预应力才能发挥出其功效。

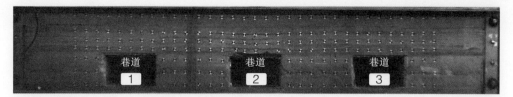

（a）t=30min，加载0.05MPa（5MPa，模拟埋深200m）

（b）t=30min+0.5s，加载=0.15MPa（15MPa，模拟埋深600m）

（c）t=30min+1.0s加载=0.25MPa（25MPa，模拟埋深1000m）

（d）t=30min+5.0s，加载结束

图4-5　顶板破坏过程

　　试验加载完成40min后，模型基本稳定。直观地看，巷道1的顶板破坏范围比巷道3更广；巷道1的破坏宽度为586mm（真实尺寸为11.72m），而巷道2的破坏宽度为395mm（真实尺寸为7.9m）；巷道1的破坏范围是巷道3的1.48倍。然而，在巷道3的顶板中，由于超级锚杆的预应力非常大，导致锚固区尾部附近的岩层应力集中很大，造成了该区域裂纹开度很明显，如图4-6a所示。试验完成后第二天，拍摄到模型背面图，如图4-6b、c所示。结果显示，巷道1的顶板破碎后的岩石块度要小于巷道3，巷道3的顶板岩体相对完整。可能的原因是，巷道1支护方案的锚杆数量较多，顶板强制破坏后，裂纹沿着锚杆孔相互贯通所致。

（a）模型加载完成40min后

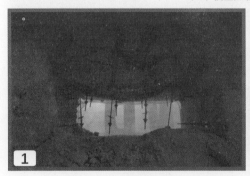

（b）1天巷道1背面

（c）1天巷道3背面

图4-6　加载完成后的顶板破坏状况

4.2.3　顶板时效位移演化规律

高速照相机捕获了不同时刻的位移监测点照片信息后，基于Matlab图像识别技术读取了不同时刻监测点的位置坐标信息，进而计算出了模型顶板中的位移变化数据。图4-7a展示了不同时刻顶板变形数据的位移曲线。图4-7b是通过Matlab软件画出的不同时刻的顶板位移云图。当模型中的预埋巷道模具拆除前，认为顶板中的位移值为零。当模具拆除后，顶板中产生了一个初始位移。试验开始用0.05MPa的载荷加载30min后，高速照相机获取了第一组初始位移的数据信息，之后每隔0.5s记录1组数据。从曲线可以发现，初始位移值较小，3种方案的位移差异均不明显（图4-7a-1）；然而，从位移云图中可以看出，位移差是明显的（图4-7b-1）。对比结果表明，方案2的位移最大，方案1和方案3（超级锚杆）的位移次之，两者的位移几乎相同。产生这种区别的原因可能是：①巷道的位置不同和受力环境不同导致的；②支护方案的区别导致的。前者应该为主要原因。当载荷从0.05MPa增加到0.1MPa时，3种支护方案的位移发生了剧烈变化（从初始值5mm增加到了60mm左右）。方案1的顶板最大位移为48.49mm，方案2的顶板最大位移为58.66mm，方案3的顶板最大位移为39.59mm。方案2的顶板位移仍然最大，此时需要注意的是，方案1的最大位移明显超过了方案3（图4-7a-2）。从位移云图也可以清楚地观察到3种方案的位移差异（图4-7b-2）；结果显示，顶板1和顶板2上方200mm（4m）范围内的位移变化都比较明显，而顶板3上方的位移变化并不明显；这也解释了上述该时刻顶板1和顶板2内部都率先萌生了裂纹的现象。当载荷从0.1MPa增加到0.15MPa时，方案2的顶板位移达到了极限临界值，从而发生了巷道2的顶板坍塌，这造成了顶板2上方的监测点数据缺失（图4-7a-3）。在云图中，缺失后的数据以巷道2的高度160mm作为补充（图4-7b-3）。此时，方案1和方案3的位移继续增加，方案1的最大位移为54.38mm（1.087m），方案3的最大位移为42.59mm（0.851m），方案1的位移增速大于方案3（超级锚杆），二者的位移差达到了极限值11.79mm（0.235m）。随着0.15MPa的载荷持续进行，方案2的顶板发生了进一步坍塌，方案1的位移增速变缓，而方案3的位移增速开始变快，1和3之间的位移差异变小（图4-7a-4）。从位移云图中可以观察到，方案1在水平范围内的影响范围大于方案3（图4-7b-4），这与上述的水平破坏范围的结果一致。随着加载的继续进行，方案1的顶板位移继续缓慢增加，方案3的顶板位移继续加速变化，结果两者的位移趋于一致，甚至3的位移在局部超过了1（图4-7a-5）。从云图也可以观察到方案1和3的位移变化几乎相同（图4-7b-5）。至此，模型试验加载完成。模型试验过程中，先是方案1的位移变化快，方案3的位移变化慢；然后是，方案3的位移加速变化，追赶上方案1；方案3在后期加速变化的原因可能是，巷道大变形后，由于顶板3的表面产生了松动变形，导致了超级锚杆的预应力大幅下降，削弱了超级锚杆的支护能力。

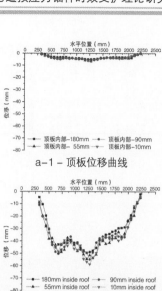

a-1 - 顶板位移曲线

b-1 - 顶板位移云图

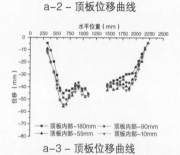

a-2 - 顶板位移曲线

b-2 - 顶板位移云图

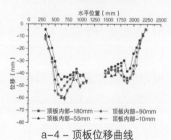

a-3 - 顶板位移曲线

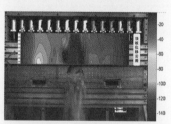

b-3 - 顶板位移云图

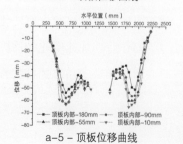

a-4 - 顶板位移曲线

b-4 - 顶板位移云图

a-5 - 顶板位移曲线

b-5 - 顶板位移云图

图4-7　顶板位移曲线和位移云图

4.3　超级预应力锚杆解析计算

上述相似模拟试验研究了超级预应力锚杆的支护效果和破坏规律，揭示了顶板的变形破坏特征，验证了超级预应力锚杆的具有良好的支护效果。本节采用时效模型设计了并计算了相同条件下的顶板垂直应力分布规律，对比了相似模型的结果，探查了相似模型中不同方案的破坏机制。参照物理相似模型的尺寸，预应力锚杆支护模型设计如图4-8所示。

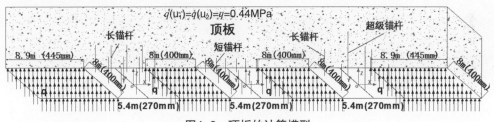

图4-8　顶板的计算模型

计算模型的尺寸与相似模型相同。在物理模型中，3个巷道的帮部都是由立方柱体构成的，帮对顶板的支撑力简化为作用在矩形板上的均布力，就可以求解出顶板中的应力。模型计算参数如表4-2所示。基于公式（4-1）。

$$
\begin{aligned}
\sigma_z^{sf}(x,y,z) = {} & \sigma_z^{hs}\left(\frac{w_2}{2}+d_1+x,y,z\right) + \sigma_z^{hs}\left(\frac{w_2}{2}+d_2-x,y,z\right) \\
& + \sigma_z^{hs}\left(\frac{w_1}{2}+d_1+x,y,z\right) + \sigma_z^{hs}\left(\frac{w_2}{2}+d_2-x,y,z\right)
\end{aligned}
\tag{4-1}
$$

相似模型中压力盒集中布置在了巷道上方110mm（2.2m）处。在相似模拟试验过程中，由于个人操作问题，只监测到了一组相似模型在0.05MPa饱载阶段的顶板应力。本节基于这组数据与时效模型结果进行对比。图4-9a为时效模型公式4-1计算出的垂直应力云图，可以发现模型中间巷道2的顶板应力环境比两边的应力环境要差，这也是相似模型中影响巷道2首先发生冒顶的原因之一。

图4-9b中显示了解析模型中巷道顶板不同层位的应力分布，可以发现在短锚

表4-2　解析模型计算参数

名称1	d (m)	Z_0 (m)	L (m)	P (MN)	r_b (m)	r_g (m)	E_g (MPa)	E_m (MPa)	E_b (MPa)	μ_m	μ_g	μ_b
长锚杆	0.1	1.5	2.5	0.2	0.01	0.0175	35	45	210	0.25	0.25	0.3
短锚杆	0.075	0.5	1.5	0.04	0.01	0.0175	35	45	210	0.25	0.25	0.3
超级锚杆	0.25	2.0	4.0	1.0	0.015	0.0225	35	45	210	0.25	0.25	0.3

名称2	d_1 (m)	d_2 (m)	d_3 (m)	d_4 (m)	t_1 (m)	t_2 (m)	t_3 (m)	t_4 (m)	w_1 (m)	w_2 (m)	q (MPa)
模型	8.9	8.9	4	4	4	4	4	4	5.4	32.2	0.44

杆支护下，巷道2顶板中的拉应力值最大，最容易破坏。巷道1和巷道3的最大拉应力差别不大，较明显的是顶板3中部的应力峰值奇高，已经超过了帮部上方的峰值应力，说明超级锚杆预应力值已经实现了超级支护效果。图4-9b展示了物理模型中的应力监测数据，并从图4-9b中筛选了相同位置和相近应力值的两条曲线进行对比。结果显示，在顶板上方2.2m相同位置的应力曲线不能很好地吻合，然而解析模型上方4.5m处的曲线和物理模型110mm（2.2m）处的应力曲线吻合度较好。无论比较哪一条曲线，结果都显示，物理模型中超级锚杆作用下的顶板中部应力要小于解析模型中的应力值。两种试验中，相同位置的应力曲线不能吻合，原因有很多：首先解析模型本身存在缺陷，其次是物理模型中压力盒的位置不能精确定位，最后是应力监测系统本身有误差。总体而言，两者的曲线走势基本相同。特别是，方案3的应力峰值大于方案1和2的峰值，因为超级预应力锚杆的支护作用。

为了比较和分析计算模型破坏过程，解析模型的顶板抗拉强度规定为2MPa。当拉伸应力大于2MPa时，顶板中的岩体认为被破坏，破坏的岩体用灰色椭圆形颗粒表示。模型中正数表示压应力，负数表示拉应力。图4-10展示了不同围岩应力作用下的模型破坏进程。仔细观察可以发现一些规律。当q为5MPa时，3种支护方案的顶板中几乎都没有拉应力，顶板非常安全且稳定，其中方案3的顶板中部形成了一个半径约为0.7m的类圆形的有效压应力区，说明超级锚杆起到了较好的支护作用，如图4-10（a）所示。当q增加到10MPa时，3种方案的帮角处附近出现

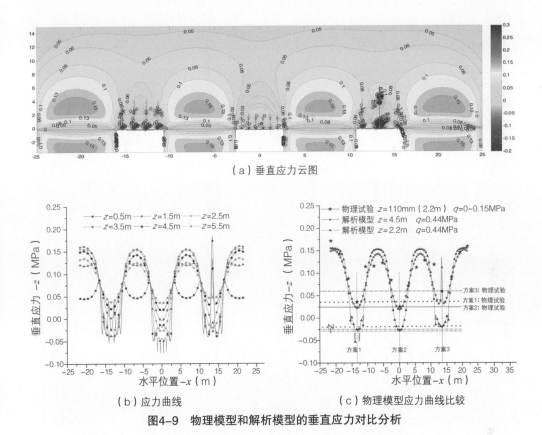

（a）垂直应力云图

（b）应力曲线

（c）物理模型应力曲线比较

图4-9 物理模型和解析模型的垂直应力对比分析

了较大的拉应力集中，方案2的拉应力集中范围明显大于1和3，方案3略小于方案1，如图4-10（b）所示。当q增加到15MPa时，3种方案的拉应力集中范围均明显增大，且方案2的拉应力集中范围超过了锚杆的长度，如图4-10（c）所示。当q增加到20MPa时，3种方案顶板中最大拉应力都超过了岩体的拉伸强度2MPa，不同程度地受到了损伤破坏，方案2的顶板损伤最严重，如图4-10（d）所示。当q增加到25MPa时，3种方案顶板的损伤范围进一步扩大，方案2的顶板损伤范围超过了锚杆的长度，以致顶板2发生冒顶坍塌，如图4-10（e）所示。这个结果与物理测试的结果基本吻合。然而，解析模型和物理模型之间存在一些差异：物理模型反映了真实的顶板破坏过程，而解析模型反应的仅仅是一组特定条件下的结果。因为，该解析模型的结果能较好地解释顶板的应力演化进程，所以，该计算结果仍然具有一定的参考意义。

（1）方案1　　　　　　　（2）方案2　　　　　　　（3）方案3

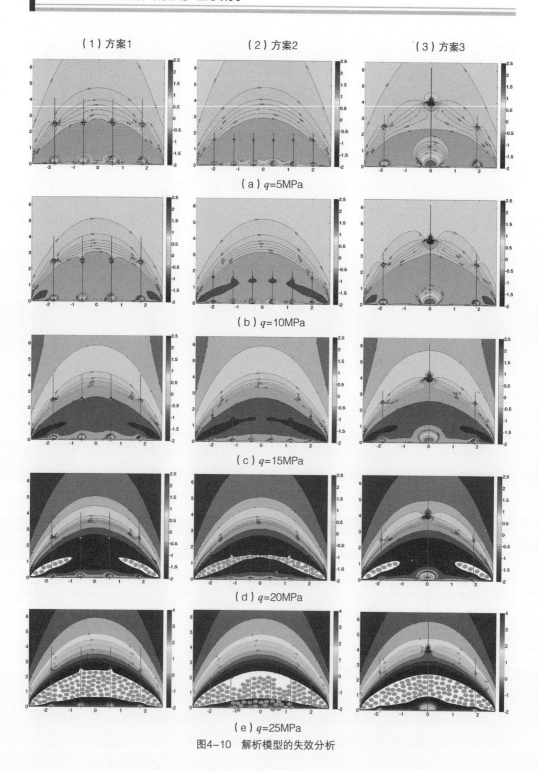

（a）q=5MPa

（b）q=10MPa

（c）q=15MPa

（d）q=20MPa

（e）q=25MPa

图4-10　解析模型的失效分析

4.4   超级预应力锚杆支护原理探讨

上述方案1和2属于传统锚杆的均布支护，而超级锚杆方案3是一种锚杆的非均匀支护，属于局部超级支护。方案3中，超级锚杆布置在巷道的中心点，称之为中心点超级支护。研究结果表明，与方案1和2相比，在特定阶段，方案3的中心点超级支护具有更高的承载能力。相同试验条件下，超级支护方案3的顶板破坏范围比方案1和2要小。值得注意的是，方案3中仅有6根锚杆，方案1中的锚杆数量是方案3中的2倍，方案2中的锚杆数量是方案3中的3倍。方案3具有较好的支护效果，原因是超级锚杆的超级预应力起着关键作用，超级预应力的存在有助于提高锚杆的支护承载能力；此外，超级锚杆放置在巷道的中心点非常有利于支护上的力学优化。使用超级锚杆支护不仅可以扩大行间距、减少锚杆的数量，而且不会削弱支护强度，这有助于支护参数的进一步优化。事实上，研究超级预应力锚杆的主要目的不是为了减少锚杆的数量，而是为了解决深部疑难巷道的支护难题，包括高应力软岩、二次强采动巷道等。

超级锚杆支护方案3也存在自己的缺陷。虽然，超级锚杆支护方案3的顶板破坏范围小于方案1和3，但是，超级锚杆的尾部应力集中较大。物理模型试验中，超级锚杆尾部的应力集中导致顶板中出现了大开度的裂纹，这不利于顶板的长期稳定。此外，超级锚杆方案3的顶板变形前期的位移小于方案1，而后期与方案1的位移几乎相同甚至反超。原因是方案3的顶板破坏时，由于顶板中岩体的松弛变形和破坏，导致超级锚杆的预应力大幅下降，这极大地削弱了超级锚杆的支护承载能力。

为了形象地说明3种方案之间的差异，通过上述解析结果的云图进行分析。图4-11显示了在没有围岩应力的情况下，3种不同支护方案的顶板应力云图。在较高的预应力作用下，方案1的顶板形成了连续梁，其厚度约为1m，如图4-11-（1）-a所示；在较低的预应力作用下，方案2的顶板中未形成连续梁，如图4-11-（1）-b所示；在超级预应力锚杆的作用下，方案3的顶板中形成了较大的蝶形支护结构，其高度超过了3m，如图4-11-（1）-c所示。结果表明，方案3的有效支护范围大于方案1和2。然而，与方案1相比，方案3锚杆支护盲区的范围大于方案1和2，这很容易引起围岩浅表松动和破坏。一般，减少锚杆的数量会削弱围岩支护的护表能力，会使巷道围岩沿着支护盲区加速变形和劣化。幸运的是，使用超大尺寸托盘可以弥补减弱的护表能力。此外，3种不同方案的应力分布在顶板的不同位置上也存在着差异。方案2的顶棚板内0.5m处的应力分布更加均匀，支护效果更好，如图4-11-（2）-b所示。原因是方案2具有大量的锚杆且锚杆长度较短，这为顶板浅表岩体提供了更好的护表能力。与方案2相比，方案1和3在顶板0.5m处的支护效果不佳，尤其是方案3，因为锚杆数量较少且长度较长长，如图4-11-（2）-a和c所示。然而，在顶板内1.0m处，方案2的支护效果变得非常差，如图4-11-（3）-b所示。原因是方案2的锚固长度短、预应力小，导致预应力的扩散范围较小。相反，在顶板内1.0m处，方案1和3的顶板具有更好的支护效果，如图4-11-

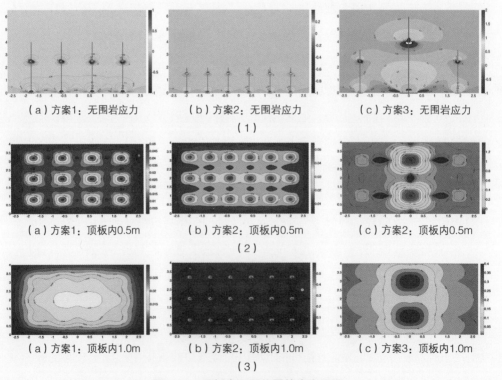

（a）方案1：无围岩应力　　　（b）方案2：无围岩应力　　　（c）方案3：无围岩应力

（1）

（a）方案1：顶板内0.5m　　　（b）方案2：顶板内0.5m　　　（c）方案2：顶板内0.5m

（2）

（a）方案1：顶板内1.0m　　　（b）方案2：顶板内1.0m　　　（c）方案3：顶板内1.0m

（3）

图4-11　顶板中不同位置的应力云图

（3）-a和c所示。原因是方案1和3的锚杆长度较长且预应力较高，以致预应力的扩散范围较大；相比之下，在顶板内1.0m处，方案1的应力分布更为均匀，方案3的有效支护应力主要集中在顶板中部。

需要注意的是，上述结果是在没有围岩应力的情况下获得的。当考虑围岩应力作用时，结果将有所不同。图4-12显示了在0.5MPa围岩应力作用下，3种不同支护方案的顶板应力分布云图。与方案1相比，当围岩应力与锚杆支护应力相结合时，方案3在顶板1m处的支护效果更好，如图4-12-（3）-c所示。原因是围岩与锚杆的主要承载位置是不同的，围岩有其自身的应力分布特征。对于围岩应力，主要承载的位置位于顶板两侧，顶板中部承载力相对较弱。而对于中心点超级锚杆的支护应力，主要承载位置位于顶板的中部，顶板两侧的承载力较弱。围岩应力和锚杆的支护应力耦合后，可以相互弥补彼此的弱点。

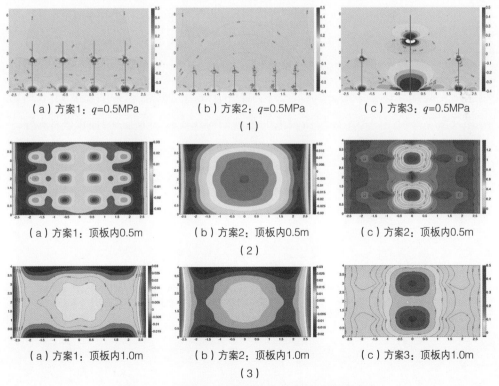

（a）方案1：q=0.5MPa　　（b）方案2：q=0.5MPa　　（c）方案3：q=0.5MPa

（1）

（a）方案1：顶板内0.5m　　（b）方案2：顶板内0.5m　　（c）方案2：顶板内0.5m

（2）

（a）方案1：顶板内1.0m　　（b）方案2：顶板内1.0m　　（c）方案3：顶板内1.0m

（3）

图4-12　顶板中不同位置的应力云图-有围岩应力

通常，围岩应力要远大于锚杆的支护应力。将超预应力锚杆放置在顶板的中间会大幅减小二者的应力差，使得顶板中的应力分布更为均匀，如图4-12-（1）-c所示。显然，基于梁理论，在巷道中心点使用超级预应力锚杆支护在力学上是优化的。根据材料力学公式，集中力F作用在固支梁中心点（图4-13a）的最大挠度公式如下：

$$y_{\max}^c = \frac{FL^3}{192EI} = \frac{qL^4}{192EI}$$ （4-2）

均布力F作用在固支梁上（图4-13b）的最大挠度公式如下：

$$y_{\max}^c = \frac{qL^4}{384EI}$$ （4-3）

显而易见，中心点集中力支护的梁变形是等效值均布力支护的梁变形的1/2，即，中心点集中力的支护能力是等效均布支护能力的2倍。相比之下，均布支护的好处是护表能力较好。对于顶板的护表能力，方案3的小于方案1，方案1小于方案2，如图4-12-（2）所示。而对于整体的承载能力，方案3大于方案1，方案1大于方案2，如图4-12-（3）所示。这些分析结果更好地解释了物理模拟的顶板破坏机制。首先，方案2顶板坍塌的原因之一是锚杆有效的支护范围较小，因为其锚杆较短并且预应力较小，不足以形成较大的承载结构；其次，方案3的顶板破坏范围小

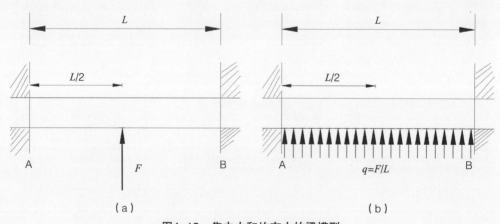

图4-13　集中力和均布力的梁模型

于方案1的顶板破坏范围，原因是方案3的有效支护范围更大，有效支护范围更大的原因是超级锚杆长度更长、预应力更大，使得围岩应力和锚杆应力的耦合实现了极大的优化；最后，护表能力较弱的方案1和3在物理测试过程中并未导致顶板坍塌，这可能是因为顶板材料本身具有较高的强度。

综上所述，超级预应力锚杆支护既有优点也有缺点，合理地使用超级预应力锚杆能够使得利大于弊。围岩支护的本质是力学平衡。通常，围岩应力越大，产生的不平衡力越大，围岩稳定所需的支护应力也就越大。与传统锚杆相比，超级预应力锚杆可以大幅提高支护应力、显著改善围岩应力场，因此，使用超级锚杆支护是解决深部困难围岩支护难题的重要方法之一。

4.5　煤矿锚杆结构设计与分析

4.5.1　组锚杆结构的提出与探讨

在岩土边坡等领域中，1000kN量级的预应力锚杆索支护技术已经成熟，然而，该技术受到时间和空间等因素的制约不能直接在煤矿中使用。研究和设计新的锚杆结构对于超级锚杆的实现非常必要。与其他领域相比，煤矿锚杆的特征是：长度要求短、安装速度要求快、抗扰动能力要求强。这3个特征阻碍了矿用超级锚杆的实现。庆幸的是，煤矿锚杆的服务周期短，这是利好的特征。锚杆长度要求短，一方面是为了节约支护成本，另一方面是受到了施工空间和施工速度的限制。煤矿巷道施工空间狭小不利于超长锚杆的施工，长锚杆比短锚杆的施工速度慢，不利于巷道快速掘进。锚杆安装速度要求快，除了受到锚杆长度的制约外，还受到了锚固剂材料凝固时间的限制，岩土领域的锚固剂采用灌浆料凝固时间长达几小时到几周，而矿用锚固剂一般要求几分钟内就达到凝固强度并完成锚杆安装。煤矿锚杆还受到了工程扰动的频繁影响，加速了锚杆的弱化进程（超级锚固强度，较难完成，预应力张拉设备功力不足）。基于这些特征，本文提出了组锚杆结构，如图4-12所示，试图为煤矿超级锚杆的快速实现提供思路。

组锚杆结构是将多个锚杆安装在一个托盘上，并将锚杆均匀布置在了托盘的边缘附近。与传统的托盘相比，锚杆的数量增加后，组锚杆的预应力和锚固强度都将成倍提高。同时，将锚杆的位置从托盘的中央转移到托盘的边缘处有利于改善托盘的受力，有利于托盘预应力的长期维持。值得注意的是，工程支护中锚杆预应力的很难稳定维持。锚杆的初始预应力施加后，短时间内会有一部分预应力被损耗。初始应力越小损耗量越小，预应力越大损耗量越大。由于深部锚杆支护的预应力初始设计值越来越大，这种损耗带来的不利影响越来越明显。这种预应力的损耗与传统的锚杆结构有关。传统的锚杆放置在托盘的中央，使得托盘的边缘和中间受力不均。围岩变形过程中会使托盘向外翘曲，从而削弱了托盘与围岩之间的相互作用力，进而引起了预应力的损耗。组锚杆结构之所以将锚杆放置在托盘的边缘正是考虑到了这一问题，如图4-14所示。

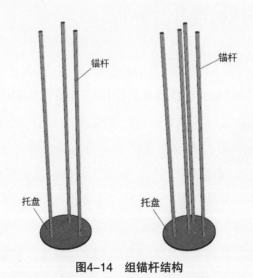

图4-14　组锚杆结构

锚杆预应力的稳定维持是长期困扰领域专家的一个难题。组锚杆结构是解决该难题的一个途径。然而，组锚杆结构需要同时施工多个钻孔，操作方面极为不利。为了解决这个问题，本节构思并设计了匹配组锚杆结构的多孔钻机，如图4-15所示。多孔钻机可以同时施工多个钻孔，并可保证多孔之间间距的精准度。多孔钻机未来可安装在智能掘进机上，开展集中支护、节约支护空间，实现智能化的大间排距超级支护工艺。

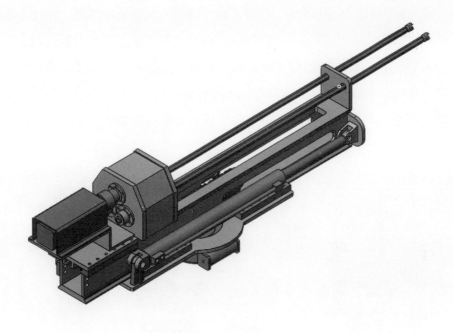

图4-15　多孔钻机

与传统的锚杆+钢带（梁）相比，组锚杆结构的区别是托盘的承载刚度高、预应力维持效果好，能够在同一个托盘上实现超级预应力。锚杆+钢带（梁）的不同构件是相互独立的个体，需要分次安装，而组锚杆是一个整体，要求同时安装。组锚杆结构是将传统的单根变成了一组，但不影响组锚杆结构也具有单根锚杆的属性。例如，组锚杆也可以配合钢带使用。上节物理试验和解析计算证明了超级锚杆具有良好的支护效果，本节的组锚杆结构在理论上实现了超级锚杆的支护功能。对于组锚杆真实的受力特征，将通过下面的物理拉拔试验和数值模拟进行对比分析。

4.5.2　组锚杆物理拉拔试验

4.5.2.1　组锚杆试验工装设计

单根锚杆拉拔试验操作简单，结果可靠，常被广大科研人员采用，研究锚杆的承载性能。而组锚杆拉拔试验操作复杂，且受到了实验条件和实验设备的限制，导致同步加载是组锚杆拉拔实验的一个难题。针对这个难题，本次实验设计了匹配组锚杆的拉拔工装。拉拔测试基于MTS电液伺服万能试验机进行。由于试验机的立柱小、作业高度较高等限制，要求测试工装在满足强度要求的前提下尽量降低重量。采用分体式设计思路以装配的灵活性。借助于有限元方法改进结构的设计以尽量降低整体重量。除试验机外的拉拔测试系统构成如图4-16所示。

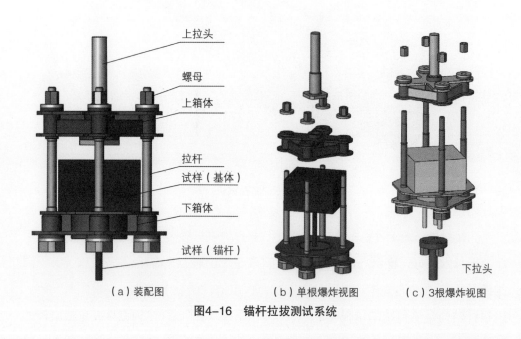

（a）装配图　　　　（b）单根爆炸视图　　　　（c）3根爆炸视图

图4-16　锚杆拉拔测试系统

　　测试装置主要由上拉头、上箱体、下箱体、拉杆、下拉头、螺母、试样等部分组成。测试时，试验机的上钳口对上拉头进行夹持，下钳口对锚杆（单根测试时）或下拉头（双根、3根测试时）进行夹持。试样基体安放于下箱体上，加载时载荷由锚杆传递至基体，进而传递至下箱体。下箱体通过4根拉杆与上箱体实现连接，载荷由拉杆传递至上箱体进而传递至上拉头、上钳口。其中，单根锚杆拉拔不需要下拉头，双根组锚杆配置双孔下拉头，3根组锚杆配置三孔下拉头；不同的锚杆数量搭配不同孔洞的垫板使用，完成单根、双根、3根锚杆的测试，提高了实验工装的适用性，如图4-17所示。

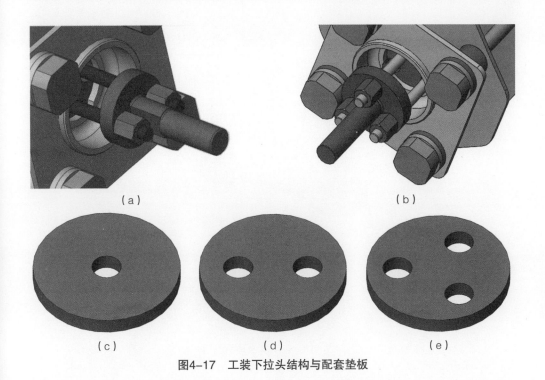

（a）　　　　　　　　　　　　　（b）

（c）　　　　　　　　（d）　　　　　　　　（e）

图4-17　工装下拉头结构与配套垫板

拉杆与试样基体的四角交错布置，即拉杆靠近基体侧面的中心部位，通过该方式降低实验装置的整体截面尺寸，提高系统可靠性的同时可以尽量降低对结构强度的要求。设计最大载荷为400kN，为了实现装置的安全性、可靠性，上箱体、下箱体必须具备足够的强度。上、下箱体设计采用双层板焊接的箱式焊接结构，该设计方案可以在保证强度的前提下尽量降低重量。上下箱体焊件的三维模型如图4-18所示。上箱体主体由上、下板以及中套、小套组成。小套之间通过连接板实现连接，且连接板与下板焊接。小套、中套之间通过加强板连接，通过上述结构提高了上箱体的整体承载能力。连杆孔焊接后加工，提高孔的位置精度。上箱体上板采用十字形结构，消减非主要承载区域的结构，以降低整体重量。下箱体与上箱体类似，下箱体也采用双层板焊接的箱体结构。下箱体中套中间设置台阶结构，搭配上述不同孔洞的垫板。图4-19显示了3根组锚杆结构的装配图及其工装的数值计算结果。结果显示，工装的力学性能能够满足本次试验的要求。

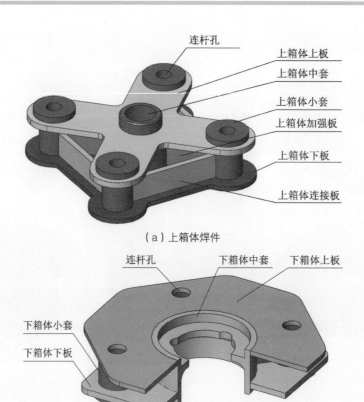

（a）上箱体焊件

（b）下箱体焊件

图4-18　上下箱体三维模型示意图

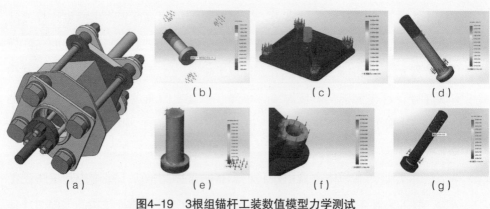

（a）　（b）　（c）　（d）　（e）　（f）　（g）

图4-19　3根组锚杆工装数值模型力学测试

4.5.2.2　模型参数及实验过程

本次模型实验的锚杆直径为20mm，锚固长度160mm，锚杆外露200mm，组锚杆中各个锚杆间的中心距离为70mm。锚固基体为灌浆料混凝土试件，试件浇筑在立方体的亚克力模具中，尺寸为250mm×250mm×160mm。水和灌浆料的配比为1∶1.25，基体养护14d后开始拉拔试验。经过测试，试验基体抗压强度约为30MPa，抗剪强度约为4MPa，锚杆破断荷载为215kN。试件重量25kg，工装重量为75kg，总重量为100kg。试验开始时，首先将试件和工装在MTS试验机机下组装完成，然后通过6人协同配合抬上2.5m高的MTS试验机进行试验。试验中模型基体上的亚克力模具未拆除，用于约束基体的横向变形，近似模拟工程中的侧限围压。试验加载方式为位移加载，每分钟加载0.2mm。本次试验的试件包含了3根的组锚杆、2根的组锚杆和传统的1根锚杆各3个，共9个试件。由于试验机空间狭小，操作极为不便，9个试件的拉拔试验耗时6d完成。试验过程如图4-20所示。

（a）基体抗压试验

（b）MTS万能试验机

（c）基体剪切试验

（d）试件浇筑过程

（e）组锚杆拉拔

（f）试件拉拔完成

图4-20　组锚杆物理拉拔测试

图4-20（e）直观地展示了组锚杆的加载原理，加载采用MTS加载机的上夹头夹紧工装的上拉头，下夹头夹紧工装的下拉头，下拉头与组锚杆进行连接。通过微机设置加载模式为位移加载，加载速率为0.2mm/min。试验加载至2kN左右时，需要对组锚杆中各个锚杆进行初始预应力，确保试件加载时均匀受力。加载过程中，本次实验需要记录拉拔力、拉拔位移和拉拔时间3组数据。加载完成后的试件如图4-20（f）所示。

4.5.2.3　组锚杆试验结果讨论和分析

图4-21展示了试件拉拔后的破坏图。整体来看，9个试件均发生了基体破裂；其中，3根组锚杆的3个试件基体中间的都出现了三角形破坏区域，这是由于3根锚杆同时作用下的耦合力造成的，而在双根组锚杆的3个试件中，仅有1个基体中间的都出现了双锚杆的耦合力破坏区域。这说明组锚杆的根数越多，锚固区附近的应力集中越明显。不过，可以通过合理地设计和扩大组锚杆间的间距削弱这种应力集中现象。试验中，基体出现破裂是因为围压约束较小，这导致试验的锚杆小于真实的极限拉拔力，且3根组锚杆影响最大（远小于自己的真实值）、单根锚杆影响最小、双根组锚杆介于二者中间。值得庆幸的是，工程支护中的锚固岩体为半无限体，具有很好的约束效果，有利于组锚杆的性能发挥。

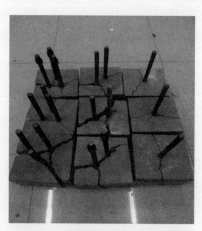

图4-21　组锚杆对比拉拔实验结果

　　图4-22展示了组锚杆对比拉拔试验的荷载-位移曲线图。图a为锚杆拉拔力和时间之间的关系，图b为锚杆拉拔力和位移之间的关系。直观地看，3根组锚杆的平均最大拉拔力大于双根组锚杆，双根组锚杆大于单根锚杆。其中，双根组锚杆第3个试件和3根组锚杆第3个试件出现了数据异常，两组数据的极限拉拔力都明显低于同类试件的平均值。导致数据异常的可能原因有3个：①组锚杆间各个锚杆受力不均，同一时刻有些受力大先破坏、有些受力小后破坏，导致了整体的极限拉拔力偏低；②锚杆安装的角度不垂直，锚杆锚固长度小于设计值，导致了整体的极限拉拔力偏低；③不同试件基体的强度存在差异（由于试件浇筑过程中搅拌均匀程度不一，且水灰比存在误差等）、养护过程中基体出现了开裂等因素，大幅降低了基体强度，导致了整体的极限拉拔力偏低。双根组锚杆第3个试件较大可能

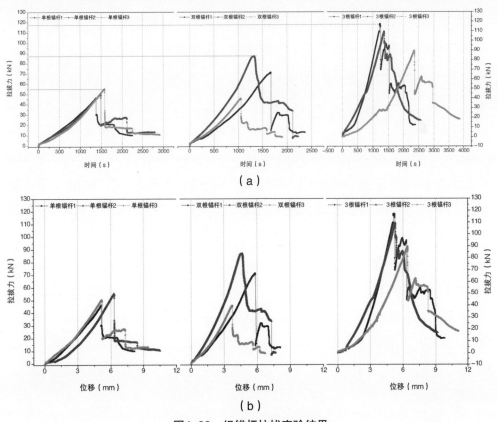

（a）

（b）

图4-22　组锚杆拉拔实验结果

的数据异常原因为②和③。3根组锚杆第3个试件较大可能的数据异常原因为①，该异常试件为本次试验第一个加载的试件，由于经验不足，试验时未对各个锚杆进行初始预紧。试验中，单根锚杆的最大拉拔力为55kN，双根组锚杆的最大拉拔力为86kN，3根组锚杆的最大拉拔力为117kN；相比之下，双根组锚杆的最大拉拔力单根锚杆的1.56倍，3根组锚杆的最大拉拔力单根锚杆的2.13倍；双根锚杆的性能发挥了单根锚杆的78%，3根组锚杆的性能发挥了单根锚杆的70%。

仔细观察还可以发现一些规律和特征。首先，在加载前半段，锚杆试件近似处于弹性阶段，曲线较为光滑，说明此阶段锚固界面黏结性能良好尚未出现损伤；在此过程中，3根组锚杆的平均曲线斜率大于双根，双根大于单根；这说明3根组锚杆的增阻速度最快，单根速度最慢，双根介于两者之间。其次，随着载荷的增加，当位移荷载到达5mm附近时，3种型号的锚杆拉拔试件都达到了拉拔力的峰值，这说明组锚杆和单锚杆具有几乎相同的极限位移破坏值。最后，组锚杆超过峰值荷载破坏后，其残余强度仍能维持在一个相对较高的值，这对于动载破坏的巷道支护能起到一定的缓冲作用。

4.5.3　数值模拟拉拔试验

目前，锚杆拉拔的物理实验条件难以对基体内部的应力、位移和破裂演化过程进行直接观察；而数值模拟能够较好地揭示基体破裂演化的全过程。本节通过数值模拟研究了组锚杆拉拔破坏的全过程，数值模型的尺寸和加载条件与物理拉拔试验相同。图4-23展示了加载初始阶段,3种不同试件的位移云图，可以发现，单根锚杆的基体表面形成了一个圆形的位移集中区，双根组锚杆的基体表面形成了一个椭圆形的位移集中区，3根组锚杆的基体表面形成了一个类三角形的位移集中区，说明组锚杆拉拔过程中的耦合作用明显。对于位移集中区的范围，3根大于双根，双根大于单根，这说明3根的组锚杆影响范围更大。如果加载力相同，那么3根锚杆的基体受力将会更均匀、应力集中将被弱化，这个优势有利于超级预应力的实现和维持。

图4-24给出了3种不同型号试件的拉拔力和位移之间的关系曲线。数值结果

图4-23 组锚杆对比试验数值模拟位移云图

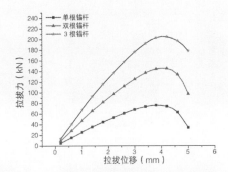

图4-24 数值模拟拉拔力和位移之间的关系

显示,单根锚杆的最大拉拔力为76kN,双根组锚杆的最大拉拔力为145kN,3根组锚杆的最大拉拔力为205kN。与物理试验相比,双根组锚杆与单根锚杆的最大拉拔力的比值从1.56倍提高到了1.9倍,3根组锚杆与单根锚杆的最大拉拔力的比值从2.13倍提高到了2.7倍。数值条件下,双根锚杆的性能发挥了单根锚杆的95%,3根组锚杆的性能发挥了单根锚杆的90%。

上述提到,物理试验过程中,由于基体整体裂开影响了锚杆的极限拉拔力,认为数据结果值偏低。而数值模型试验是一种理想的计算,未考虑材料缺陷等因素,使得锚杆的极限拉拔力实现了完美的发挥,认为数据结果值偏高。综合考虑二者的试验结果,本文预测,中心距为70mm的组锚杆结构在工程支护中,双根组锚杆的支护性能能够发挥到单根锚杆的78%~95%,3根组锚杆的支护性能能够发挥到单根锚杆的70%~90%。如果组锚杆中的锚杆中心距变大后,组锚杆结构的支护性能还会改善和提高,直至接近100%。

图4-25展示了数值模拟的锚杆拉拔破坏过程图。当拉拔位移荷载为5mm时，3种型号的试件表面都开始出现损伤破坏。当拉拔位移荷载为10mm时，3种型号试件表面的损伤破坏进一步加剧，且破坏向基体内部转移，基体表面的位移集中程度明显弱化。当拉拔位移荷载为50mm时，3种型号试件表面的局部损伤转变为全面破坏，且都形成了特定形状的破坏区域。单根锚杆为圆形，双根锚杆为类椭圆形，3根锚杆为类三角形。

（a）拉拔位移5mm

（b）拉拔位移10mm

（c）拉拔位移50mm

图4-25　数值模拟拉拔破坏示意图

针对双根和3根组锚杆的破坏特征，并考虑到节约材料和减轻重量等因素，设计了双根和3根组锚杆结构匹配的托盘，如图4-26所示。

（a）双根组锚杆托盘　　　　　　（b）3根组锚杆托盘

图4-26　组锚杆的匹配托盘

第3章已详细分析了单根锚杆的脱黏失效过程，下面着重分析双根和3根组锚杆的脱黏失效过程和特征，如图4-27所示。直观地看，组锚杆的脱粘失效过程与单根锚杆几乎相同，都是从表及里渐进破坏。仔细观察可以发现，组锚杆脱黏破坏有一些自己的特征。较明显的特征为，组锚杆内侧的脱黏速度小于外侧。例如，双锚杆在step-20步时，内侧脱黏40mm，而外侧脱黏了50mm。这说明组锚杆和锚杆中间的基体共同参与承载了大部分拉拔力，该特征有助于提高锚杆承载系统的韧性。

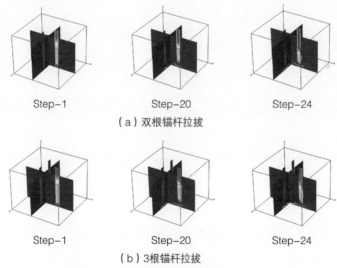

Step-1　　　　　　　Step-20　　　　　　　Step-24

（a）双根锚杆拉拔

Step-1　　　　　　　Step-20　　　　　　　Step-24

（b）3根锚杆拉拔

图4-27　组锚杆的拉拔失效过程

4.6　本章小结

本文首先探讨了超级预应力锚杆支护技术的必要性，阐述超级预应力锚杆在煤矿支护的现状和瓶颈，简介了实现煤矿超级预应力锚杆支护技术的高强材料和高强锚固技术；其次基于相似模拟试验，研究了超级预应力锚杆的支护效果，并采用理论模型的计算结果进行了对比分析；最后提出了快速实现超级预应力锚杆支护技术的组锚杆结构，为了测试组锚杆结构的抗拉拔性能，设计了组锚杆结构拉拔试验的工装，并且物理拉拔试验结果与数值模拟进行了对比分析。得出了以下结论：

（1）随着采掘深度的增加，煤矿锚杆的支护能力已经发挥到了极限。对于一些疑难巷道，现有的锚杆支护性能已不能满足生产要求，研制适用于采矿工程的超级预应力锚杆支护技术非常必要。相似模拟试验表明，超级预应力锚杆支护具有良好的支护效果。相同条件下，能够扩大锚杆支护的间排距，而不降低支护的整体强度，这有助于巷道快速掘进。超级锚杆支护还可以显著改善围岩的应力环境，缩小围岩的损伤范围。

（2）传统的超级预应力锚杆的锚固体尾部会产生显著的应力集中，导致锚固体附近岩体容易发生破裂或离层，不利于围岩支护的长期稳定。组锚杆是一种非常简单的锚杆组合结构，不需要对现有的锚杆施工技术进行重大改革就能快速实现超级预应力锚杆支护技术。组锚杆不仅可以将超级预应力分摊到多个单锚杆上弱化应力集中，而且可以与组锚杆内的岩体形成共同承载结构提高锚杆承载的刚度和韧性。

（3）中心距70mm的组锚杆拉拔试验结果表明，双根组锚杆的极限拉拔力仅能发挥2根独立支护锚杆的78%～95%，3根组锚杆的极限拉拔力仅能发挥3根独立支护锚杆的70%～90%。相同条件下，组锚杆的根数越多，支护性能的发挥效率就越低。然而，组锚杆的根数越多，安全系数越高。

（4）组锚杆的优势在于可以集中支护、节约支护空间，可以匹配空间资源稀缺的智能掘进，可以解决特定环境下特定位置的疑难支护问题。组锚杆的安装需要施工多个钻孔，操作极为不便，使用本文设计的多孔钻机不仅可以解决这个问题，而且还能确保孔间距的精准度。

5 时效围岩模型的评价与应用

作为一种新的理论计算方法，时效模型还缺乏实践的检验和修正，缺乏相关的应用参照和建议。本章首先从时效模型本身探讨了原理的逻辑性，然后基于时效模型，结合具体的工程问题，开展了两个具体的工程算例。最后，模型计算结果与工程现场状况进行了对比验证。

5.1 时效围岩模型探讨

时效模型搭建了真实时间与围岩应力和围岩演化之间的关系，这个关系就是传统理论研究的盲区。传统的数值模型是静态的、三维的，而事实上工程模型是动态的、高维的，包含着新的变量"时间"。含有时间的时效模型能够全面考虑工程中多因素相互耦合作用的影响，例如，考虑巷道掘进速度、支护时机、支护参数与工程环境之间的耦合作用关系，传统的模型很难做到，而时效模型可以实现，所以时效模型可以帮助人们理解多因素相互干扰下的复杂作用关系。

时效围岩模型的特点是围岩的边界是时刻变化的，而传统的模型是固定不变的。围岩边界时刻变化的原因与力的传递时效有关，即，力从一个位置传递到另一个位置需要一定的时间间隔，不同位置的力传递到巷道表面需要不同的时间，当巷道表面即时感受到一个位置的力做功时，这个位置即为围岩的边界。巷道围岩的定义是指由于巷道开挖影响的应力重分布范围内的岩体，这种影响分为显著影响和不显著影响，传统观念认为围岩的范围一般为巷道半径的3~5倍，这里围岩的范围是指被巷道开挖显著影响的范围；而时效围岩模型不仅考虑了显著的影响范围，还考虑了不显著的影响范围。显著影响范围内的围岩在短时间内就能形成，且范围相对稳定；而不显著影响范围内的围岩需要较长时间才能形成，且范围不稳定、会随着时间缓慢变化。时效围岩的边界即为不显著围岩的外边界，外边界到巷道表面的距离与时间相关、也与岩体的力传递速度（声速）相关。这就是时效围岩时刻变化的原因。

宏观上认为平衡力不进行力的传播。当巷道开挖后，岩体中出现了不平衡力，不同位置的不平衡力开始进行传播，试图寻找新的平衡。新的平衡完成后，宏观上认为，力的传递时效性结束。由于力的传递时间与距离有关，初始阶段，围岩表面的岩体分子距离近，率先感受到了不平衡力，并产生了位移；而围岩深部的岩体分子距离远，尚处于平衡状态，不发生力传递，也未产生位移。这个过程使得围岩深部和浅部的岩石分子，在力传递的初始阶段，产生了时间差。这个时间差也可以理解为，深部和浅部的岩石分子运动的加速度不同导致的。巷道开挖瞬间，围岩表面的岩石分子是二维受力，围岩深部的岩石分子是三维受力，在巷道径向上，围岩表面的分子合力不为零、加速度不为零，而围岩深部的分子合力为零、加速度为零，这种差异是导致不同距离需要不同传递时间的根本原因；而围岩表面的分子在一排一排位移的过程中，产生了封闭环或压力拱的承载力，该承载力阻碍了围岩深部分子的运动，削弱了分子的加速度，导致了不同位置岩石分子的力传递出现了时间差。这个时间差导致了不同距离的围岩分子不是同时进行力传递，这个原理是时效围岩计算模型的理论基础。基于这个原理，建立了真实的时间与围岩边界之间的函数关系。同时，基于麦德林解析解，搭建了真实时间与围岩应力和围岩演化之间的关系。

时效围岩模型理论有助于改善数值模型的计算效率。传统的理论计算模型，以数值计算方法居多。存在的问题是，计算模型的尺度与国家工程尺度不对称，以及计算模型的规模与计算机的性能不对称。当前，煤矿开采工作面的长度已超过5000m，工程影响范围超过了10000m；而常用的FLAC3D等软件建立的巷道支护模型多在100m以内，远不能满足工程需要，原因就在于受到了软件算法和计算机性能的限制。同时，对于一个同样的工程问题，常常有很多科研人员进行大量的重复计算，消耗了大量的劳动力和时间，获得了大量的数据，结果用到的只是数据的万分之一，且数据还不能共享，这是一种极大的资源浪费。未来是大数据的时代，数据量也在以爆炸性的级数递增，而存储空间是有限的。这使得无穷无尽的新生数据与存储空间有限之间的矛盾非常突出。如何保存数据、保存低成本的数据非常重要。函数存储是一个思路，由于每一个函数中都包含了无穷无尽的数据，故将无穷无尽的数据压缩成或拟合成一个函数是对存储资源的巨大节约。在解析函数中，需要哪个位置的数据就单纯计算哪个位置的数据即可，而数值计算需要全部计算完成才能获取目标数据，这也是数值计算的无奈之举。

　　本书基于Matlab等工具编程了时效围岩模型相应的计算程序，可以实现参数输入、数据导出和三维出图全过程，程序操作界面如图5-1所示。时效围岩模型是基于一种解析方法建立的，是一种较为节能的仿真计算工具。同时，由于解析方法不受模型尺寸和计算单元数量的限制，故时效模型可以计算超大尺寸模型，模拟采矿工程的巷道掘进、支护和回采全过程的围岩应力和位移，实现超大尺寸模型的精细化研究，而这个工作是传统数值模型很难做到的。最后需要指出的是：虽然，时效围岩模型是经过逻辑推理而成的，但是，模型建立过程中存在假设和简化，不可否认，这影响了模型的准确性。时效围岩模型是一个新方法，还处在初级阶段，仍需要长时间的完善、改正和优化。

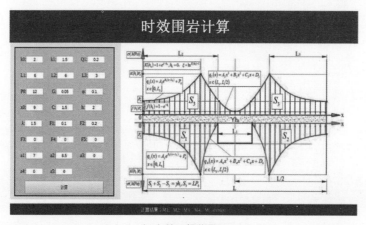

（a）第一操作界面

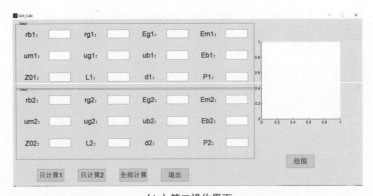

（b）第二操作界面

图5-1　时效模型计算程序操作界面

5.2　时效围岩模型在孤岛工作面的应用

山西焦煤集团岚县正利煤业为保障14^{-1}104工作面南翼遗留资源和14^{-1}105孤岛工作面的安全高效回采，根据具体的工程地质特点，需要研究孤岛工作面小煤柱沿空掘巷的最佳时机。目前项目处于前期研究阶段，预计2021年底完成。本节基于时效围岩模型探究了孤岛工作面形成前后的顶板应力变化特征，试图为该项目的开展和决策提供一些思路。

5.2.1　工程条件与前期监测

14^{-1}104工作面煤层埋藏深度为510～585m，工作面对应地面为家渠沟地貌，无建筑物等设施。开采会对地表造成轻微裂缝、塌陷。14^{-1}104工作面开采4^{-1}号煤层，煤层为近水平煤层，厚度2.00～3.70m，平均3.15m。工作面的顶底板岩层如表5-1所示。

为了了解孤岛工作面邻近采面的巷道矿压显现规律，为接续巷道开掘和控制提供借鉴，在14^{-1}105工作面（C面）CF1断层探巷掘进期间，选取40m典型巷段的支护施工进行矿压观测，如图5-2所示。

14^{-1}105工作面（C面）CF1断层探巷掘进断面为4.6m×3.2m，矩形断面，巷道

表5-1 煤层顶、底板情况一览表

顶底板名称		岩石名称	厚度（m）	岩性特征
煤层顶底板情况	老 顶	粉砂岩	5.51	深灰色，颗粒变化较大
	直接顶	细砂岩	5.40	深灰色，石英为主，泥质胶结，有煤屑
	伪 顶	砂质泥岩	0.30	灰黑色，中间夹薄层细砂岩
	直接底	砂质泥岩	4.17	深灰色，有极明显的水平层理，中厚层状，块状，具裂隙，断口平坦状，半坚硬含植物化石丰富
	老 底	4号煤	2.25	黑色，半暗型，由暗型和极少量的镜煤条带组成

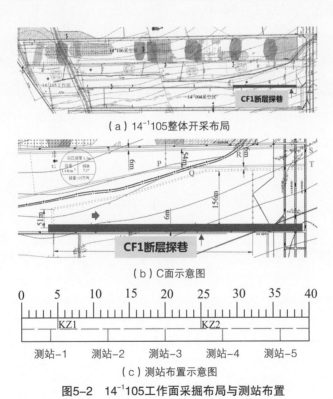

（a）14⁻¹105整体开采布局

（b）C面示意图

（c）测站布置示意图

图5-2 14⁻¹105工作面采掘布局与测站布置

总长度566m，采用柔性锚杆支护方案，中国矿业大学科研人员从2020年7月9日开始执行驻矿监测任务，连续跟踪监测28d，收集了巷道表面位移、围岩离层、锚杆（索）受力、顶板岩层裂隙发育等数据。项目共布置了5个巷道表面位移测站，分别距离开口308m、318m、328m、334m、340m，如图5-2（c）所示。由于篇幅有限，仅以测站1的表面位移监测数据进行分析，如图5-3所示：

（1）巷道空间开挖后0～39m（0～7d）范围内小煤柱侧帮位移处于剧烈变形期，这一阶段变形速度大于10mm/d，剧烈变形期移近量占总移近量的48.6%。巷道空间开挖后39～80m（8～13d）范围为变形趋缓期，变形速度由10mm/d降至3～5mm/d，变形趋缓期移近量占总移近量的28.6%。掘后80m（14d）开始进入变形稳定期，变形速度保持在0～1mm/d，变形稳定期移近量占总移近量22.8%；小煤柱侧帮最大移近速度是14mm/d，变形稳定后移近量为70mm。

（2）巷道空间开挖后0～26m（0～5d）范围内实煤体侧帮位移属于剧烈变形期，这一阶段变形速度大于10mm/d，剧烈变形期移近量占总移近量55.6%。巷道空间开挖后26～89m（6～15d）范围为变形趋缓期，变形速度由10mm/d降至4mm/d，变形趋缓期移近量占总移近量的22.2%。掘后89m（16d）开始进入变形稳定期，变形速度保持在0～1mm/d，变形稳定期移近量占总移近量22.2%；实体煤侧帮最大移近速度是9mm/d，变形稳定后移近量为72mm。

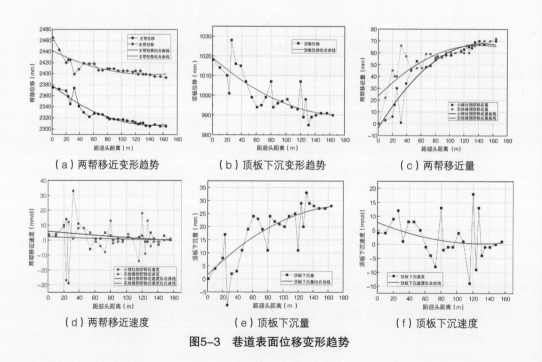

图5-3　巷道表面位移变形趋势

（3）巷道空间开挖后0~46m（0~8d）范围内顶板下沉处于剧烈变形期，这一阶段变形速度在8~9mm/d之间，剧烈变形期下沉量占总下沉量39.3%。开挖后46~102m（9~17d）范围为变形趋缓期，变形速度由8~9mm/d降至4~5mm/d，变形趋缓期下沉量占总下沉量的32.1%；开挖后102m（18d）进入变形稳定期，变形速度保持在0~1mm/d，变形稳定期下沉量占总下沉量28.6%。顶板最大下沉速度为12mm/d，变形稳定后总下沉量为28mm。

5.2.2　孤岛工作面时效模型建立

煤矿开采工作面与巷道围岩的时效模型有一些区别，巷道不允许或不考虑垮塌问题，而开采工作面的顶板周期性破断和垮塌是需要考虑的。开采面顶板周期性垮塌带来的应力调整具有明显的时效性。当工作面开采完成后，顶板的岩层运动和应力调整还需要一段时间才能稳定。在这段时间内开掘邻近的巷道，需要付出很大的支护代价且具有较大的危险性，避开这段时间则能更好地安全开采和节约经济成本。本文的时效模型认为当采空区的岩层垮落和应力调整完成后，相当于破坏扩容后岩体对顶板提供了一个支撑力，这个平均的支撑应力力小于原岩应力；基于此，通过调整不同的采空区的支撑力来模拟采场的时效变化，并结合时效围岩模型，建立了孤岛工作面的采场模型，如图5-4所示。

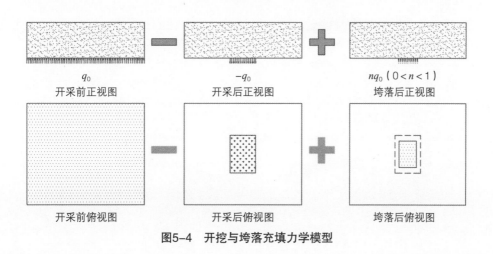

q_0　开采前正视图　　$-q_0$　开采后正视图　　nq_0（$0<n<1$）垮落后正视图

开采前俯视图　　开采后俯视图　　垮落后俯视图

图5-4　开挖与垮落充填力学模型

模型中工作面开采前，顶板处于煤体支撑状态，支撑应力为原岩应力。工作面开采后，开采位置的应力被接触，相当于在原来的基础上减去开挖位置的原岩应力。顶板垮落后，由于岩体的碎胀扩容变形，使得破坏后的岩体对顶板有一定的支撑应力，支撑力小于原岩应力，模型中引入了折减系数n，$0 \leqslant n \leqslant 1$。采场岩体垮落后的应力调整是非常复杂的，本模型不能完全再现真实的垮落过程，只是定性地对采场应力演化规律进行分析。依据采矿工程经验，一个工作面，开采完成一年后，岩层运动和应力调整过程基本稳定。模型基于这个经验，并结合第2章节中$\psi = 0.9999$的时间函数曲线，计算了一年前和一年后工作面开掘的应力演化全过程；模型计算尺寸为$4000m \times 4000m \times 500m$，显示尺寸为$2000m \times 2000m \times 500m$。

5.2.3 孤岛工作面时效模型应用

基于时效模型，邻近工作面开采完成后，孤岛工作的面直接接续开采和间各一年后再开采的应力演化结果如图5-5所示。其中，图5-5a展示了孤岛工作面直接接续条件下不同回采距离的应力云图。图5-5b展示了孤岛工作面间隔一年后再开采条件下不同回采距离的应力云图。

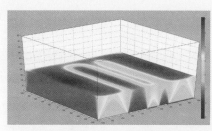

（a）-1孤岛工作面直接接续开采0m

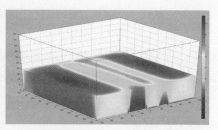

（b）-1孤岛工作面间隔1年开采0m

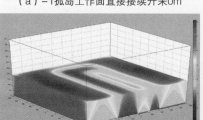

（a）-2孤岛工作面直接接续开采200m

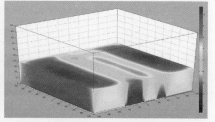

（b）-2孤岛工作面间隔1年开采200m

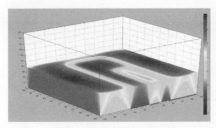 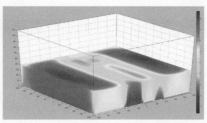

（a）-3孤岛工作面直接接续开采600m　（b）-3孤岛工作面间隔1年开采600m

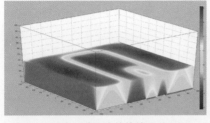 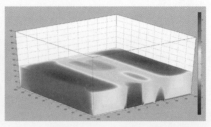

（a）-4孤岛工作面直接接续开采1000m　（b）-4孤岛工作面间隔1年开采1000m

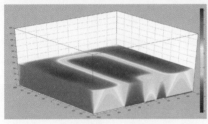 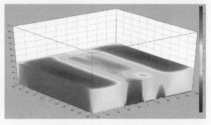

（a）-5孤岛工作面直接接续开采1500m　（b）-5孤岛工作面间隔1年开采1500m

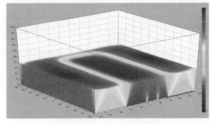 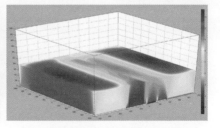

（a）-6孤岛工作面直接接续开采1800m　（b）-6孤岛工作面间隔1年开采1800m

图5-5　不同时刻孤岛工作面应力演化云图

研究结果显示，孤岛工作面直接接续开采时，顶板中的拉应力非常明显且集中。与直接接续相比，间隔1年后再开采时，顶板中的拉应力明显减弱。顶板中的拉应力越大，开掘过程中，顶板中所需释放的应变能越大，支护结构感受到的压力就越大；故间隔一段时间后再开采孤岛工作面会比较容易。原因是孤岛工作面直接接续开采时，邻近工作面采空的垮落还不充分，应力调整随着岩层垮落波动式进行，周期动载、突然来压活动频繁，这导致了孤岛巷道的支护和维护都相当困难。

将图5-5中的模型放大后，可以研究煤柱宽度对巷道顶板稳定的影响。图5-6展示了不同煤柱宽度的巷道顶板应力变化的云图。结果显示，3m煤柱的巷道顶板应力明显较小，6m煤柱的顶板应力也有较好的改善，10m、20m、30m和40m煤柱的顶板应力依次趋近于较高的稳定应力环境中。虽然，3m煤柱的顶板应力较小，有利于支护，但是，煤柱自身的承载能力也弱化较多。如果煤柱自身的宽度不足以维持自身稳定，那么沿空巷道最终也难以支护。与3m煤柱相比，6m煤柱是一种顶板应力和煤柱自稳之间矛盾的加权优化值。建议上述孤岛工作面沿空掘巷的煤柱宽度确定为6m左右。将图5-6中的模型放大后，可以研究巷道掘进和回采过程中的围岩稳定性，如图5-7所示。

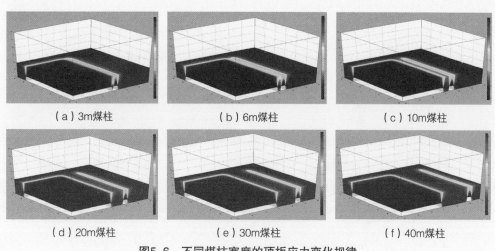

（a）3m煤柱　　　　　　（b）6m煤柱　　　　　　（c）10m煤柱

（d）20m煤柱　　　　　　（e）30m煤柱　　　　　　（f）40m煤柱

图5-6　不同煤柱宽度的顶板应力变化规律

将巷道局部放大可以获得顶板中不同时刻的锚杆支护应力图，如图5-8所示。结果显示，随着巷道的掘进、时间的推移，顶板中的拉应力越来越大、范围越来越广。当支护时间超过2160d时，拉应力的分布范围已超过锚杆的控制范围（自由段长度），表示支护巷道已经非常危险。随着时间的继续发展，顶板将发生结构性破坏。

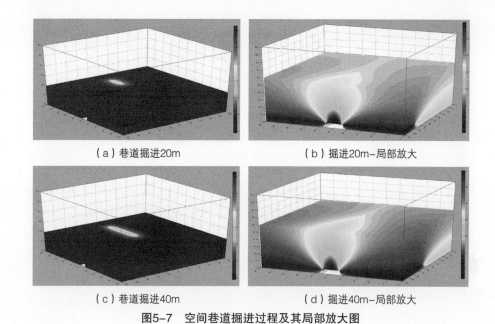

（a）巷道掘进20m　　　　　　　　　（b）掘进20m–局部放大

（c）巷道掘进40m　　　　　　　　　（d）掘进40m–局部放大

图5-7　空间巷道掘进过程及其局部放大图

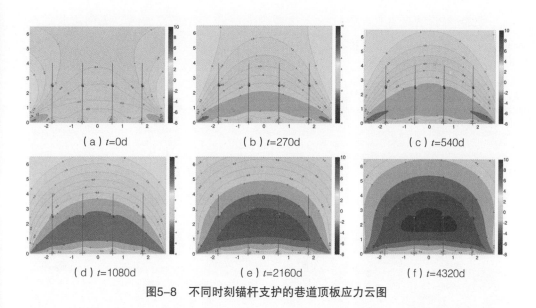

（a）t=0d　　　　　　　　（b）t=270d　　　　　　　　（c）t=540d

（d）t=1080d　　　　　　　（e）t=2160d　　　　　　　（f）t=4320d

图5-8　不同时刻锚杆支护的巷道顶板应力云图

5.3 时效围岩模型在软岩巷道中的应用

5.3.1 工程背景

黄陇侏罗纪煤田是国家规划的十三大煤炭基地之一，彬长、黄陵、焦坪三大矿区是其前期大范围开发的主要矿区。彬黄矿区每年新掘巷道达5万m以上，其中大变形巷道占新掘巷道总量的30%，巷道围岩灾变对整个矿区的安全生产影响重大。彬黄矿区区域地质条件复杂，矿区主采煤层顶板多为泥岩、炭质泥岩、砂质泥岩等较松软、易风化破碎的软弱岩石，同煤层随采随落，极不稳定。开采煤层厚度大、采高大，上覆岩层中有坚硬老顶，工作面周围支承压力影响范围广、开采影响强度大，巷道矿压显现强烈。煤层底板多为花斑泥岩、铝土质泥岩、砂质泥岩及少量的炭质泥岩，遇水易膨胀。矿区主采煤层瓦斯含量高，受断层等构造影响，巷道顶板破碎、煤壁易片帮。

现场调研情况如图5-9所示。巷道严重变形（连续冒顶区段）两肩收缩达1.5m，底鼓平均1.5m，顶板平均下沉1.2m，局部有浆皮开裂、掉包现象。底板隆

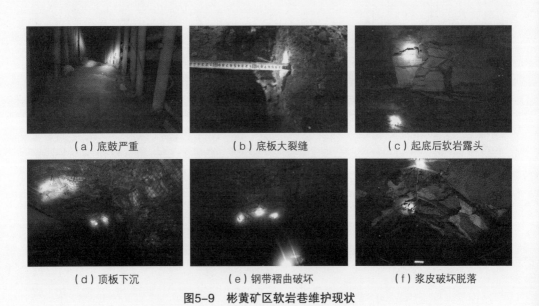

（a）底鼓严重　　　　　　（b）底板大裂缝　　　　　　（c）起底后软岩露头

（d）顶板下沉　　　　　　（e）钢带褶曲破坏　　　　　　（f）浆皮破坏脱落

图5-9　彬黄矿区软岩巷维护现状

起过程发生了褶曲断裂，裂缝宽度为130～260mm。软岩回采巷道剧烈变形段需要起底4～5次才能确保一个工作面顺利回采。这严重制约了生产效率、增加了巷道的维护成本。

5.3.2 软岩巷道应力环境影响因素

多源应力扰动对软岩巷道围岩的稳定性产生了严重影响，具体表现在以下几个方面：

（1）巷道受到强烈的采动影响。彬黄矿区主采矿井均采用大采高综采或者综采放顶煤开采工艺，由于煤层上覆岩层有很厚的坚硬岩层，造成工作面开采引起的矿压显现强烈，对于工作面周围的巷道来说，不仅开采的影响范围广，而且开采影响强烈，造成动压影响巷道维护极为困难。

（2）由于煤层厚，煤层顶板多为泥岩、炭质泥岩、砂质泥岩，巷道围岩松散破碎、易风化，巷道围岩整体稳定性较差，造成巷道掘进速度慢、巷道成形差，尤其是受到工作面采动影响时，巷道围岩变形强烈。

（3）由于煤层底板多为花斑泥岩、铝土质泥岩、砂质泥岩及少量的炭质泥岩，遇水极易膨胀，造成巷道底板强烈底鼓。一般经多次卧底后，巷道围岩产生整体失稳，巷道围岩变形强烈。

（4）由于矿区进入了煤层群开采，上煤层遗留煤柱会形成应力集中，增加巷道掘进及维护的难度，同时巷道围岩还受到水、构造应力、回采扰动应力等因素的影响，使巷道围岩变形加剧，巷道两帮强烈内移、顶板下沉、底鼓严重，巷道支护难度极大。

5.3.3 煤层群软岩巷道跨采时效模型应用

本节针对煤层群开采、上煤层遗留煤柱会形成应力集中、增加支护难度的问题进行研究。如图5-10所示，基于时效围岩模型，模拟了上煤层采空区与下煤层巷道左帮之间不同水平距离（－20m、－10m、0m、10m、20m、30m）的顶板主应力变化规律。结果显示，当上层煤采空区距离离下层煤巷道左帮30m、20m和10m

时，该巷道的应力集中非常明显，稳定性较差、难以支护。当上层煤采空区距离离下层煤巷道左帮0m时，该巷道的顶板和右帮处于卸压区，应力较低，而巷道的左帮依然处于应力集中区，依然较难支护。上层煤采空区距离离下层煤巷道左帮-10m和-20m时，该巷道的完全处于上煤层采空区下方，顶板和左右两帮卸压效果明显，应力集中现象明显减弱，这非常有利于巷道支护。

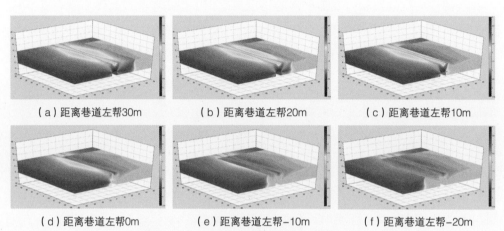

（a）距离巷道左帮30m　　　　（b）距离巷道左帮20m　　　　（c）距离巷道左帮10m

（d）距离巷道左帮0m　　　　（e）距离巷道左帮-10m　　　　（f）距离巷道左帮-20m

图5-10　煤矿软岩巷跨采模拟（主应力）

现场巷道支护情况如图5-11所示（图片为课题组袁钰鑫博士拍摄），图（a）为上煤层煤柱下方的巷道维护情况，图（b）为上煤层采空区下方的巷道维护情况。结果显示，煤柱下方的巷道变形极大，托盘翻转严重，收缩率达到了90%，而采空区下方的巷道状况良好，几乎无明显变形；原因就是煤柱下方的巷道处于应力集中区，而采空区下方的巷道处于卸压区。

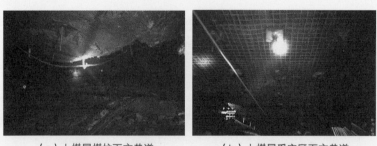

（a）上煤层煤柱下方巷道　　　　（b）上煤层采空区下方巷道

图5-11　上煤层采空区不同位置下方的巷道状况

如图5-12所示，模型考虑了两层煤之间不同间距（10m、20m、30m）的影响。结果显示，相同条件下，垂直距离越小，对巷道的稳定性影响越大；当采空区未越过巷道上方时，垂直距离越小，巷道周围的应力集中越明显，越难以支护。当采空区越过巷道上方时，垂直距离越小，巷道周围的卸压效果越明显，越容易支护。当然，两层煤无限接近时，可能使巷道处于上煤层开采影响的岩体损伤区范围内，导致支护难度增加。当垂直距离越大时，无论采空区越过下方巷道与否，由于距离较大，力的传播范围也较大，导致下方巷道围岩的应力集中减弱或卸压效果减弱。随着距离无限增大时，上层煤采空区影响逐渐趋于零。

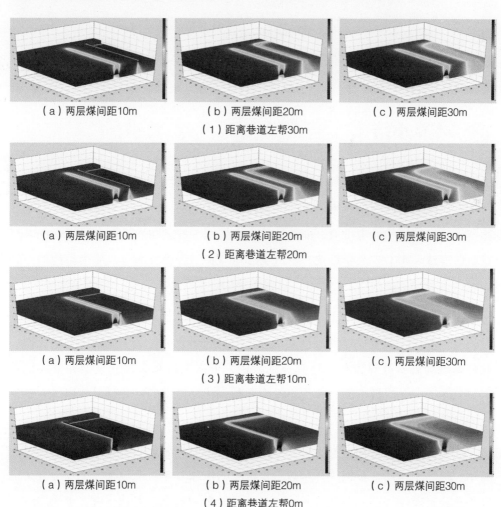

（a）两层煤间距10m　　　　（b）两层煤间距20m　　　　（c）两层煤间距30m

（1）距离巷道左帮30m

（a）两层煤间距10m　　　　（b）两层煤间距20m　　　　（c）两层煤间距30m

（2）距离巷道左帮20m

（a）两层煤间距10m　　　　（b）两层煤间距20m　　　　（c）两层煤间距30m

（3）距离巷道左帮10m

（a）两层煤间距10m　　　　（b）两层煤间距20m　　　　（c）两层煤间距30m

（4）距离巷道左帮0m

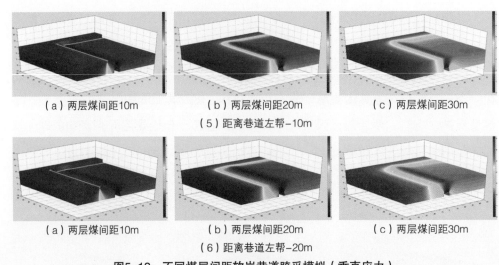

(a)两层煤间距10m   (b)两层煤间距20m   (c)两层煤间距30m

(5)距离巷道左帮-10m

(a)两层煤间距10m   (b)两层煤间距20m   (c)两层煤间距30m

(6)距离巷道左帮-20m

图5-12　不同煤层间距软岩巷道跨采模拟（垂直应力）

5.4　本章小结

　　本章节首先探讨了时效模型的合理性，并将时效模型的计算方法编制成了软件计算软件，根据两个具体的工程问题给出了相应的算例。结果显示，模型的计算结果具有较好的参考价值，能够从宏观上揭示一些现象和机制，可以帮助人们形象地理解一些工程演化规律，可以为巷道支护工程设计提供一些参考依据。研究成果如下：

　　（1）编制了时效支护模型的计算软件。软件不仅可以模拟时间作用下巷道围岩的变化规律，还可以综合模拟开挖、支护、回采及下一个工作面接续全过程。软件基础为解析计算方程，计算速度较快，可以实现超大尺寸模型的精细化求解，且在理论上对模型的尺寸大小没有限制，计算模型的尺寸可以依据研究对象尺度灵活放缩。

　　（2）给出了时效模型的工程算例。首先研究了孤岛工作面开采时机，结果显示，孤岛工作面直接接续开采时，顶板中的拉应力非常明显且集中。与直接接续相比，间隔1年后再开采时，顶板中的拉应力明显减弱。其次研究了上煤层跨采对下煤层巷道稳定性的影响，工程结果表明，上煤层煤柱下方的巷道变形极大，托盘翻转严重，收缩率达到了90%，而采空区下方的巷道状况良好，几乎无明显变形。理论模型结果显示，上煤层煤柱下方的巷道处于应力集中区，导致巷道严重变形，而上煤层采空区下方的巷道处于卸压区，弱化了巷道变形，两者具有一致性。

（3）探讨了时效模型的工程意义。一个理论模型的好坏，不在于是否和工程监测数据完美贴合，而在于是否可以帮助人们理解一些现象，在于是否可以从新的角度观察事物的规律，在于是否可以弥补现有理论的一些盲区。时效模型搭建了真实时间与围岩应力和围岩演化之间的关系，弥补了传统理论研究的盲区。传统的数值模型是静态的、三维的，而工程模型是动态的、四维的，包含着新的变量——时间。含有时间的时效模型能够全面考虑工程中多因素相互耦合作用的影响，可以考虑巷道掘进速度、支护时机、支护参数与工程环境之间的耦合作用关系，而传统的模型难以实现。时效模型可以帮助人们理解多因素相互干扰下的复杂作用关系，能够为采矿工程提供一定的参考依据。

6 结论与展望

时效围岩支护理论包括3个方面：围岩的时效变化规律、围岩的时效支护机制、围岩的时效支护技术。本文通过理论分析、数值模拟、物理试验、工程测试和现场监测等综合研究手段，阐述了时效围岩的变化机制，探讨了时效支护的原理和内涵，定义了时效围岩和时效支护的概念；推导了围岩的时间函数，构建了时效围岩的解析计算方法，研究了预应力锚杆的时效支护规律；归纳了预应力锚杆的解析计算方程，并在锚杆的解析方程中引入了的时间变量；提出了超级锚杆支护的理念，设计了实现超级支护的组锚杆结构，并构思了配套的组锚杆施工机具；最后，编程了时效围岩支护模型的计算软件，并给出了相关的算例。

6.1 主要结论与成果

（1）研究揭示了围岩扰动边界随时间变化的规律。巷道围岩扰动边界的距离与时间的二次方成正比。随着时间的推移，围岩的扰动边界逐渐变大，围岩中的拉应力范围逐渐变大，围岩中的变形逐渐变大。

（2）研究揭示了围岩时效变化的对称性原理。时效围岩持续变化和发展的根本原因是对称性或缺，围岩的对称性或缺主要包括围岩深部和浅部的应力不对称和变形不对称两方面；减弱时效围岩的应力不对称和变形不对称有助于长时稳定支护。大幅提高支护预应力可以有效减弱围岩的应力和变形不对称。

（3）研究揭示了锚杆长度和预应力之间的关系。预应力锚杆支护存在两个有效压应力区，锚固段有效压应力区和自由段有效压应力区。随着预应力的不断增大，两个压应力区逐渐靠近，最终融合在一起。当两个压应力区即将融合时，锚杆的预应力为临界最优预应力。不同长度的锚杆具有不同的临界最优预应力，锚杆自由段的长度越长，临界最优预应力越大。

（4）研究揭示了锚杆长度、预应力对锚固盲区的影响规律。预应力的大小不能改变锚固盲区的范围，只能缓解盲区的受力环境。锚固盲区的范围与锚杆的长度有关，锚杆自由段长度越大锚固盲区范围越大。锚固盲区的岩体主要靠岩体自身的强度自稳和护表网片等维护。锚固盲区不能自稳时，缩小锚杆间排距是最有效的方法之一。

（5）研究分析了锚杆托盘的应力扩散机制。锚杆轴力不能完全反映锚杆支护的真实工况，还需要结合托盘的受力和变形。托盘应力呈中间大、边缘小的分布规律。托盘的尺寸越大、厚度越厚，围岩变形过程中，锚杆支护增阻越快，控制围岩变形越有效。大托盘受力面积大、支护范围广，有利于提高围岩的护表能力，缺点是大托盘的边缘力矩较大，不利于托盘的受力优化，容易变形。

（6）研究设计了超级预应力锚杆结构。相似模拟试验表明，超级预应力锚杆支护的巷道具有变形速度慢、破坏范围小的有益特征。超级预应力支护容易造成锚固区应力集中，试验表明，组锚杆结构能够缓解锚固区的超级应力集中。

（7）编制了基于超级预应力的时效计算软件。时效软件不仅可以模拟时间作用下巷道围岩的变化规律，还可以综合模拟开挖、支护、回采及下一个工作面接续全过程。软件可以实现超大尺寸模型的精细化求解，且在理论上对模型的尺寸大小没有限制，计算模型的尺寸可以依据研究对象尺度灵活放缩。

6.2 主要创新点

（1）研究了巷道围岩变形和时间的关系，探索了巷道围岩扰动边界的时变规律，建立了巷道围岩扰动边界与时间的关系函数，推导了时效围岩应力和围岩的解析计算方程。

（2）研究了预应力锚杆的脱黏失效特征，揭示了锚杆长度、预应力对锚固盲区的影响规律，分析了锚杆托盘的应力扩散机制，提出了预应力锚杆与时效围岩耦合作用的计算方法。

（3）设计了超级预应力锚杆结构，分析了超级预应力锚杆的力学性能，开发了基于超级预应力支护的时效分析软件。

6.3　存在的问题及展望

时效围岩支护模型描述了时间因子作用下的围岩变化规律，弥补了传统理论的一些盲区，对锚杆支护体系下参数优化、支护时机决策和支护安全预测等提供了初步的理论参考及应用指导；然而，时效围岩在以下方面还需要进一步研究：

（1）时效围岩模型的相关参数很难被准确确定。未来可行的解决办法之一是，通过大量工程监测数据进行反演。时效模型的求解方法存在简化，未来还需借助新理论、新方法进行改进。

（2）锚杆的批量计算过程困难，受到了计算机和算法的限制。解决的思路是建立锚杆的应力位移数据库，即，提前求解出锚杆作用下的三维空间中的数据点阵并保存，时效支护模型计算时进行批量调用叠加即可。

（3）超级预应力支护技术还未在工程中应用，也没有制造出相应的超级锚杆产品。未来需要继续研究服务于煤矿巷道超级预应力支护锚杆和匹配的施工装备，包括锚杆的新材料、新结构和施工的新钻机、新工艺等。

参考文献

[1]   谢和平. 深部岩体力学与开采理论研究进展[J]. 煤炭学报, 2019, 44(5): 1283–1305.

[2]   侯荣彬. 考虑初始损伤效应的软岩巷道围岩时效变形损伤机理及控制对策研究[D]. 徐州: 中国矿业大学, 2018.

[3]   贾剑青. 复杂条件下隧道支护体时效可靠性及风险管理研究[D]. 重庆: 重庆大学, 2006.

[4]   康红普. 煤矿巷道支护理论成套技术[M]. 北京: 煤炭工业出版社, 2007.

[5]   周宏伟, 彭瑞东, 薛东杰, 等. 深部开采中强扰动和强时效基本特征初探[M]. 北京: 高等教育出版社, 2016: 571–580.

[6]   朱万成, 任敏, 代风, 等. 现场监测与数值模拟相结合的矿山灾害预测预警方法[J]. 金属矿山. 2020, 523(1): 151–162.

[7]   康红普. "煤矿千米深井围岩控制及智能开采技术" 专辑特邀主编致读者[J]. 煤炭学报, 2020, 45(03): 1211–1212.

[8]   宗义江, 韩立军, 韩贵雷. 破裂岩体承压注浆加固力学特性试验研究[J]. 采矿与安全工程学报, 2013, 30(04): 483–488.

[9]   陈宗基, 康文法. 岩石的封巧应力、蠕变和扩容及本构方程[J]. 岩石力学与工程学报, 1991, 10(4): 200–312.

[10]   陈卫忠, 谭贤君, 吕森鹏, 等. 深部软岩大型H轴压缩流变试验及本构模型研究[J]. 岩石力学与工程学报, 2004, 28(9): H35–1744.

[11]   袁海平, 曹平, 许万忠, 等. 岩石黏弹塑性本构关系及改进的Burgers蠕变模型[J]. 岩石力学工程学报, 2006, 28(6): 796–799.

[12]   孙钧. 岩石流变力学及其工程应用研究的若干进展[J]. 岩石力学与工程学报, 2007, 26(6): 1081–1105.

[13]   冯夏庭, 丁梧秀, 姚华彦, 等. 岩石破裂过程的化学–应力帮合效应[M]. 北京: 科学出版社, 2010.

[14]   李鹏, 刘建. 水化学作用对砂岩抗剪强度特性影响效应研究[J]. 岩土学, 2011, 320: 380–383.

[15]   黄明, 刘新荣, 邓涛. 考虑含水劣化的泥质粉砂岩单轴蠕变特性研究[J]. 福州大学学报(自然

科学版), 2012, 40(3): 39SM05.

[16] 黄明, 刘新荣, 邓涛. 基于含水劣化特性的隧道围岩时效变形数值计算[J]. 岩土力学, 2012, 33(6): 1876–1882.

[17] 刘小军, 刘新荣, 王铁行, 等. 考虑含水劣化效应的浅变质板岩蠕变本构模型研究[J]. 岩石力学与工程学报, 2006, 25(6): 1204–2389.

[18] 朱杰兵, 汪斌, 郭爱清, 等. 锦屏水电站大理岩卸荷条件下的流变试验及本构模型研究[J]. 固体力学学报, 2008, 29(12): 99–106.

[19] 崔强. 化学溶液流动-应力称合作用下砂岩的孔隙结构演化与蠕变特征研究[M]. 沈阳: 东北大学, 2008.

[20] 康红普. 煤炭开采与岩层控制的时间尺度分析[J/OL]. 采矿与岩层控制工程学报, 2021, 3(1): 1–23. 1–23[2020–09–04]. https://doi.org/10.13532/j.jmsce.cn10–1638/td.20200814.001.

[21] 谢和平, 刘夕才, 王金安. 关于21世纪岩石力学发展战略的思考[J]. 岩土工程学报, 1996(04): 101–105.

[22] 李响, 怀震, 李夕兵, 等. 基于裂纹扩展模型的深部硐室围岩致裂规律[J]. 煤炭学报, 2019, 44(05): 1378–1390.

[23] 李响, 怀震, 李夕兵, 等. 基于裂纹扩展模型的深部硐室围岩致裂规律[J]. 煤炭学报, 2019, 44(05): 1378–1390.

[24] 朱万成, 唐春安, 赵启林, 等. 混凝土断裂过程的力学模型与数值模拟[J]. 力学进展, 2002(04): 579–598.

[25] 杨顺华. 晶体位错理论基础: 第1卷[M]. 北京: 科学出版社, 1988: 607.

[26] 哈宽富. 断裂物理基础[M]. 北京: 科学出版社, 2000: 452.

[27] 胡更开, 郑泉水, 黄筑平. 复合材料有效弹性性质分析方法[J]. 力学进展, 2001(03): 361–393.

[28] 邢修三. 脆性断裂的统计理论[J]. 物理学报, 1966(04): 487–497.

[29] 邢修三. 脆性断裂非平衡统计理论(I)[J]. 北京工业学院学报, 1987(03): 32–43.

[30] 邢修三. 脆性断裂非平衡统计理论(II)[J]. 北京工业学院学报, 1987(03): 44–56.

[31] 邢修三. 多层次固体断裂非平衡统计理论框架[J]. 北京理工大学学报, 1995(03): 243–246.

[32] 邢修三. 固体断裂非平衡统计理论[J]. 自然科学进展, 2000(04): 3–12

[33] 唐春安, 陈峰, 孙晓明, 等. 恒阻锚杆支护机理数值分析[J]. 岩土工程学报, 2018, 40(12): 2281–2288.

[34] 唐春安. 岩体工程灾害前兆规律与监测预警[D]. 大连: 大连理工大学, 2016.

[35] 董茜茜. 非直裂隙扩展机理及力学特性研究[D]. 北京: 北京工业大学, 2017.

[36] 龚斌. 非连续变形与位移(DDD)方法及其工程应用[D]. 大连: 大连理工大学, 2019.

[37] 包春燕. 层状岩石类材料间隔破裂机理及其数值试验研究[D]. 大连: 大连理工大学, 2014.

[38] 张敏思. 基于经验方法和数值模拟的采场围岩稳定性研究[D]. 沈阳: 东北大学, 2015.

[39] 富向. "点"式定向水力压裂机理及工程应用[D]. 沈阳: 东北大学, 2013.

[40] 杨韬. 岩石破裂过程渗流特性的数值分析方法[D]. 大连: 大连理工大学, 2019.

[41] 廖志毅. 岩石动态力学行为的数值模拟研究[D]. 大连: 大连理工大学, 2018.

[42] 周廷强, 李江华. 基于FLAC-(3D)二次开发的含预制缺陷岩体数值模拟[J]. 煤矿安全, 2019, 50(09): 192–196.

[43] 江明, 王世梅, 李高, 等. 基于滑坡土体渗流与蠕变耦合模型的ABAQUS二次开发[J]. 水电能源科学, 2020, 38(06): 124–127.

[44] 丛怡, 王在泉, 张黎明, 等. 基于颗粒离散元法描述岩石断面形貌的方法研究[J]. 防灾减灾工程学报, 2020, 40(01): 43–50.

[45] 邓树新, 郑永来, 冯利坡, 等. 试验设计法在硬岩PFC-(3D)模型细观参数标定中的应用[J]. 岩土工程学报, 2019, 41(04): 655–664.

[46] 张婷婷. 地下水封洞库岩体力学参数REV的各向异性研究[D]. 武汉: 中国地质大学, 2013.

[47] 卢兴利. 深部巷道破裂岩体块系介质模型及工程应用研究[D]. 武汉: 中国科学院研究生院(武汉岩土力学研究所), 2010.

[48] 范雷. 鄂西志留系裂隙砂岩岩体结构特征及其力学参数研究[D]. 武汉: 中国地质大学, 2009.

[49] 高艳华. 等效岩体REV确定及节理力学行为研究[D]. 北京: 北京科技大学, 2016.

[50] 吴琼. 复杂节理岩体力学参数尺寸效应及工程应用研究[D]. 武汉: 中国地质大学, 2012.

[51] 程东幸, 潘炜, 刘大安, 等. 锚固节理岩体等效力学参数三维离散元模拟[J]. 岩土力学, 2006(12): 2127–2132.

[52] 卢波, 邬爱清, 徐栋栋, 等. 基于混合高阶非连续变形分析的刚性伺服数值试验方法[J]. 岩石力学与工程学报, 2020, 39(08): 1572–1581.

[53] 王知深. 岩石水压致裂的机理研究及非连续变形分析计算[D]. 济南: 山东大学, 2019.

[54] 张振全. 深部巷道围岩应力壳时空演化特征与支护机理研究[D]. 北京: 中国矿业大学(北京), 2018.

[55] 杜晓丽. 采矿岩石压力拱演化规律及其应用的研究[D]. 徐州: 中国矿业大学, 2011.

[56] 钱鸣高, 许家林. 煤炭开采与岩层运动[J]. 煤炭学报, 2019, 44(04): 973–984.

[57] 钱鸣高, 许家林, 王家臣. 再论煤炭的科学开采[J]. 煤炭学报, 2018, 43(01): 1–13.

[58] 钱鸣高. 加强煤炭开采理论研究 实现科学开采[J]. 采矿与安全工程学报, 2017, 34(04): 615.

[59] 钱鸣高, 许家林. 科学采矿的理念与技术框架[J]. 中国矿业大学学报(社会科学版), 2011, 13(03): 1–7+23.

[60] 许家林, 秦伟, 轩大洋, 等. 采动覆岩卸荷膨胀累积效应[J]. 煤炭学报, 2020, 45(01): 35–43.

[61] 许家林, 轩大洋, 朱卫兵, 等. 基于关键层控制的部分充填采煤技术[J]. 采矿与岩层控制工程学报, 2019, 1(02): 69–76.

[62] 汪锋, 许家林, 谢建林, 等. 上覆煤层开采后下伏煤层卸压机理分析[J]. 采矿与安全工程学报,

2016, 33(03): 398–402.

[63] 刘长友. 综放开采理论与技术的发展及思考[J]. 同煤科技, 2017(02): 1–6+12+7.

[64] 李建伟, 刘长友, 卜庆为. 浅埋厚煤层开采覆岩采动裂缝时空演化规律[J]. 采矿与安全工程学报, 2020, 37(02): 238–246.

[65] 张农, 韩昌良, 谢正正. 煤巷连续梁控顶理论与高效支护技术[J]. 采矿与岩层控制工程学报, 2019, 1(2): 48–55.

[66] 王正义, 窦林名, 王桂峰. 动载作用下圆形巷道锚杆支护结构破坏机理研究[J]. 岩土工程学报, 2015, (10): 1901–1909.

[67] 神文龙. 硬顶活化型动载的波扰机理与邻空巷道控制研究[D]. 徐州: 中国矿业大学, 2017.

[68] 陆士良, 汤雷, 杨新安. 锚杆锚固力与锚固技术. [M]. 北京: 煤炭工业出版社, 1998

[69] 康红普, 王金华. 煤巷锚杆支护理论与成套技术. [M]. 北京: 煤炭工业出版社, 2007

[70] 王飞虎. 地下洞室预应力锚杆支护机理及设计参数确定方法研究[D]. 西安: 西安理工大学, 2001.

[71] 康红普. 我国煤矿巷道锚杆支护技术发展60年及展望[J]. 中国矿业大学学报, 2016, 45(6): 4–14.

[72] 崔德浩. 3000kN预应力锚索在广西桥巩水电站船闸工程的应用[J]. 价值工程, 2010, 29(19): 125.

[73] 张迪, 赵颖. 小湾水电站坝肩抗力体6000kN预应力锚索施工[J]. 云南水力发电, 2009, 25(06): 65–69.

[74] 李成武, 赵文月. 3000kN级预应力锚索试验[J]. 勘察科学技术, 2009(01): 29–32.

[75] 杨建科. 岩质高边坡2500kN无粘接预应力锚索框架施工技术[J]. 科技创新导报, 2008(15): 95.

[76] 宣兆社. 二龙山水库除险加固3000kN级无粘结预应力锚索施工技术[J]. 吉林水利, 2002(09): 7–9.

[77] 徐丽. 2000kN级超长预应力锚索施工技术[J]. 四川水利, 2018, 39(02): 47–49.

[78] 胡立. 承压型端锚高预紧力锚杆支护技术研究[D]. 徐州: 中国矿业大学, 2016.

[79] 官山月, 马念杰. 树脂锚杆锚固失效的力学分析[J]. 矿山压力与顶板管理. 1997(Z1): 204–206.

[80] 吴拥政, 康红普. 强力锚杆杆体尾部破断机理研究[J]. 煤炭学报, 2013, 38(09): 1537–1541.

[81] 吴拥政, 康红普, 丁吉, 等. 超高强热处理锚杆开发与实践[J]. 煤炭学报, 2015, 40(02): 308–313.

[82] 吴拥政, 康红普, 吴建星, 等. 矿用预应力钢棒支护成套技术开发及应用[J]. 岩石力学与工程学报, 2015, 34(S1): 3230–3237.

[83] 王晓卿, 康红普, 赵科, 等. 黏结刚度对预应力锚杆支护效用的数值分析[J]. 煤炭学报, 2016, 41(12): 2999–3007.

[84] 康红普, 杨景贺. 锚杆组合构件力学性能实验室试验及分析[J]. 煤矿开采, 2016, 21(03): 1–6.

[85] 康红普, 林健, 吴拥政, 等. 锚杆构件力学性能及匹配性[J]. 煤炭学报, 2015, 40(01): 11-23.

[86] 侯朝炯, 勾攀峰. 巷道锚杆支护围岩强度强化机理研究[J]. 岩石力学与工程学报, 2000, 19(3): 342-345.

[87] 袁亮, 深井巷道围岩控制理论及淮南矿区工程实践. [M]. 北京: 煤炭工业出版社, 2006.

[88] 袁亮. 煤矿典型动力灾害风险判识及监控预警技术研究进展[J]. 煤炭学报, 2020, 45(05): 1557-1566.

[89] 袁亮, 齐庆新. "煤矿典型动力灾害风险判识及监控预警技术研究" [J]. 煤炭学报, 2020, 45(05): 1555-1556.

[90] 袁亮. 我国煤炭工业高质量发展面临的挑战与对策[J]. 中国煤炭, 2020, 46(01): 6-12.

[91] 康红普. 我国煤矿巷道围岩控制技术发展70年及展望[J/OL]. 岩石力学与工程学报: 1-30[2020-09-07]. https://doi.org/10.13722/j.cnki.jrme.2020.0072.

[92] 康红普. "煤矿千米深井围岩控制及智能开采技术"专辑特邀主编致读者[J]. 煤炭学报, 2020, 45(03): 1211-1212.

[93] 康红普, 姜鹏飞, 黄炳香, 等. 煤矿千米深井巷道围岩支护-改性-卸压协同控制技术[J]. 煤炭学报, 2020, 45(03): 845-864.

[94] 张振峰, 康红普, 姜志云, 等. 千米深井巷道高压劈裂注浆改性技术研发与实践[J]. 煤炭学报, 2020, 45(03): 972-981.

[95] 姜鹏飞, 康红普, 王志根, 等. 千米深井软岩大巷围岩锚架充协同控制原理、技术及应用[J]. 煤炭学报, 2020, 45(03): 1020-1035.

[96] 李建忠, 康红普, 高富强, 等. 原岩应力场作用下的锚杆支护应力场及锚杆支护作用分析[J/OL]. 煤炭学报: 1-12[2020-09-07]. https://doi.org/10.13225/j.cnki.jccs.2019.1410.

[97] 康红普. 煤炭开采与岩层控制的空间尺度分析[J]. 采矿与岩层控制工程学报, 2020, 2(02): 5-30.

[98] 康红普, 徐刚, 王彪谋, 等. 我国煤炭开采与岩层控制技术发展40年及展望[J]. 采矿与岩层控制工程学报, 2019, 1(02): 7-39.

[99] 康红普, 伊丙鼎, 高富强, 等. 中国煤矿井下地应力数据库及地应力分布规律[J]. 煤炭学报, 2019, 44(01): 23-33.

[100] 康红普, 王国法, 姜鹏飞, 等. 煤矿千米深井围岩控制及智能开采技术构想[J]. 煤炭学报, 2018, 43(07): 1789-1800.

[101] 康红普, 冯彦军. 煤矿井下水力压裂技术及在围岩控制中的应用[J]. 煤炭科学技术, 2017, 45(01): 1-9.

[102] 康红普, 于斌, 杨智文, 等. 特厚煤层全煤巷道高预应力锚杆支护技术与实例分析[J]. 同煤科技, 2016(04): 1-8+53.

[103] 郑仰发, 康红普, 鞠文君, 等. 锚杆拱形托板承载力试验与分析[J]. 采矿与安全工程学报, 2016, 33(03): 437-443.

[104] 康红普, 范明建, 高富强, 等. 超千米深井巷道围岩变形特征与支护技术[J]. 岩石力学与工程学报, 2015, 34(11): 2227-2241.

[105] 孟宪志, 康红普, 林健. 基于推力球轴承高效减摩方式的锚杆支护[J]. 煤矿安全, 2015, 46(10): 60-63.

[106] 康红普, 吴拥政, 何杰, 等. 深部冲击地压巷道锚杆支护作用研究与实践[J]. 煤炭学报, 2015, 40(10): 2225-2233.

[107] 范明建, 康红普, 林健, 等. 埋深1300m大倾角复合岩层巷道围岩综合控制技术研究[J]. 采矿与安全工程学报, 2015, 32(05): 706-713.

[108] 康红普, 杨景贺, 姜鹏飞. 锚索力学性能测试与分析[J]. 煤炭科学技术, 2015, 43(06): 29-33+106.

[109] 康红普, 姜鹏飞, 蔡嘉芳. 锚杆支护应力场测试与分析[J]. 煤炭学报, 2014, 39(08): 1521-1529.

[110] 张辉, 康红普, 徐佑林. 煤矿巷道底板锚固孔排渣机理及应用[J]. 煤炭学报, 2014, 39(03): 430-435.

[111] 康红普, 崔千里, 胡滨, 等. 树脂锚杆锚固性能及影响因素分析[J]. 煤炭学报, 2014, 39(01): 1-10.

[112] 程蓬, 康红普, 鞠文君. 锚杆杆尾螺纹力学性能的实验研究[J]. 煤炭学报, 2013, 38(11): 1929-1933.

[113] 何满潮, 吕谦, 陶志刚, 等. 静力拉伸下恒阻大变形锚索应变特征实验研究[J]. 中国矿业大学学报, 2018, 47(02): 213-220.

[114] 何满潮, 宋振骐, 王安, 等. 长壁开采切顶短壁梁理论及其110工法——第三次矿业科学技术变革[J]. 煤炭科技, 2017(01): 1-9+13.

[115] 张农, 陈红, 陈瑶. 千米深井高地压软岩巷道沿空留巷工程案例[J]. 煤炭学报, 2015, 40(03): 494-501.

[116] 张农, 李桂臣, 阚甲广. 煤巷顶板软弱夹层层位对锚杆支护结构稳定性影响[J]. 岩土力学, 2011, 32(09): 2753-2758.

[117] 张农, 袁亮, 王成, 等. 卸压开采顶板巷道破坏特征及稳定性分析[J]. 煤炭学报, 2011, 36(11): 1784-1789.

[118] 张农, 王保贵, 郑西贵, 等. 千米深井软岩巷道二次支护中的注浆加固效果分析[J]. 煤炭科学技术, 2010, 38(05): 34-38+46.

[119] 张农, 王成, 高明仕, 等. 淮南矿区深部煤巷支护难度分级及控制对策[J]. 岩石力学与工程学报, 2009, 28(12): 2421-2428.

[120] 张农, 许兴亮, 李桂臣. 巷道围岩裂隙演化规律及渗流灾害控制[J]. 岩石力学与工程学报, 2009, 28(02): 330-335.

[121] 张农, 许兴亮, 程真富, 等. 穿435m落差断层大巷的地质保障及施工控制技术[J]. 岩石力学与工程学报, 2008(S1): 3292-3297.

[122] 张农, 袁亮. 离层破碎型煤巷顶板的控制原理[J]. 采矿与安全工程学报, 2006(01): 34–38.

[123] 张农, 李学华, 高明仕. 迎采动工作面沿空掘巷预拉力支护及工程应用[J]. 岩石力学与工程学报, 2004(12): 2100–2105.

[124] 张农, 侯朝炯, 王培荣. 深井三软煤巷锚杆支护技术研究[J]. 岩石力学与工程学报, 1999(04): 3–5.

[125] 张农, 韩昌良, 谢正正. 煤巷连续梁控顶理论与高效支护技术[J]. 采矿与岩层控制工程学报, 2019, 1(02): 48–55.

[126] 谢正正, 张农, 王朋, 等. 长期载荷作用下柔性锚杆力学特性研究及工程应用[J/OL]. 煤炭学报: 1–12[2020-09-06]. https://doi.org/10.13225/j.cnki.jccs.2020.0712.

[127] 何长海, 姜耀东, 曾宪涛, 等. 深井岩巷高强高预紧力锚杆支护优化数值模拟[J]. 煤矿开采, 2010, 15(03): 50–52+59.

[128] 郭晓菲, 郭林峰, 马念杰, 等. 巷道围岩蝶形破坏理论的适用性分析[J]. 中国矿业大学学报, 2020, 49(04): 646–653+660.

[129] 袁超, 张建国, 王卫军, 等. 基于塑性区分布形态的软弱破碎巷道围岩控制原理研究[J]. 采矿与安全工程学报, 2020, 37(03): 451–460.

[130] 肖宇, 王卫军, 袁超, 等. 巷道支护中锚固段位置对深部围岩塑性区的影响[J]. 矿业工程研究, 2020, 35(01): 1–6.

[131] 李桂臣, 孙长伦, 何锦涛, 等. 软弱泥岩遇水强度弱化特性宏细观模拟研究[J]. 中国矿业大学学报, 2019, 48(05): 935–942.

[132] 李桂臣. 软弱夹层顶板巷道围岩稳定与安全控制研究[D]. 徐州: 中国矿业大学, 2008.

[133] 郑西贵. 煤矿巷道锚杆锚索托锚力演化机理及围岩控制技术[D]. 徐州: 中国矿业大学, 2013.

[134] 张益东. 锚固复合承载体承载特性研究及在巷道锚杆支护设计中的应用[D]. 徐州: 中国矿业大学, 2013.

[135] 王其洲, 谢文兵, 荆升国, 等. 非均称变形巷道变形破坏规律及支护对策[J]. 采矿与安全工程学报, 2016, 33(06): 985–991.

[136] 阚甲广. 典型顶板条件沿空留巷围岩结构分析及控制技术研究[D]. 徐州: 中国矿业大学, 2009.

[137] 赵一鸣. 煤矿巷道树脂锚固体力学行为及锚杆杆体承载特性研究[D]. 徐州: 中国矿业大学, 2012.

[138] 冯晓巍. 全长锚固系统失效机制及耐久性探究[D]. 徐州: 中国矿业大学, 2017.

[139] 曾富宝. 均布荷载作用于矩形面积上时刚性墙上侧向压力的计算[J]. 苏州城建环保学院学报, 1998(02): 3–5.

[140] 胡鹏飞, 张在明. 利用数学软件对Mindlin解的积分及工程应用[J]. 岩土工程技术, 2008(01): 1–5+19.

[141] 王士杰, 张梅, 张洪敏, 等. 关于BOUSSINESQ解取代MINDLIN解条件的探讨[J]. 河北农业大

学学报, 2002(03): 91–92.

[142] 王士杰, 张梅, 张吉占. Mindlin应力解的应用理论研究[J]. 工程力学, 2001(06): 141–148.

[143] 王士杰, 张梅, 张吉占. 工程荷载下的明氏应力实用理论解(Ⅱ)——应力系数公式的无因次化[J]. 四川建筑科学研究, 2001(04): 60–61.

[144] 王士杰, 张梅, 周瑞林. 工程荷载下的明氏应力实用理论解(Ⅰ)——现有明氏应力公式的整理与简化[J]. 四川建筑科学研究, 2001(02): 36–37.

[145] 王士杰, 张梅, 张吉占. 对Mindlin解求地基附加应力的进一步探讨[J]. 四川建筑科学研究, 2000(01): 51–54.

[146] 王洪涛. 岩体锚固失效机理及预应力锚固围岩承载性能研究[D]. 济南: 山东大学, 2015.

[147] 韦四江, 勾攀峰. 锚杆预紧力对锚固体强度强化的模拟实验研究[J]. 煤炭学报, 2012, 37(12): 1987–1993.

[148] 许宏发, 王武, 江森, 等. 灌浆岩石锚杆拉拔变形和刚度的理论解析[J]. 岩土工程学报, 2011, 33(10): 1511–1516.

[149] 肖敏. 锚杆围岩力学作用研究[D]. 西安: 西安科技大学, 2017.